亲子心流
跟超级奶爸学育儿

钟煜曦 ◎著

SPM 南方出版传媒

广东科技出版社 | 全国优秀出版社

·广州·

图书在版编目（CIP）数据

亲子心流：跟超级奶爸学育儿 / 钟煜曦著. —广州：广东科技出版社，2021.9
（超级父母育儿丛书）
ISBN 978-7-5359-7682-6

Ⅰ. ①亲… Ⅱ. ①钟… Ⅲ. ①婴幼儿—哺育—基本知识 Ⅳ. ①TS976.31

中国版本图书馆CIP数据核字（2021）第126987号

亲子心流：跟超级奶爸学育儿
QinZi XinLiu : Gen ChaoJi NaiBa Xue YuEr

出 版 人：朱文清
责任编辑：张远文　李　杨　彭秀清
责任校对：李云柯
责任印制：彭海波
出版发行：广东科技出版社
　　　　　（广州市环市东路水荫路11号　邮政编码：510075）
销售热线：020-37592148 / 37607413
http://www.gdstp.com.cn
E-mail：gdkjcbszhb@nfcb.com.cn
经　　销：广东新华发行集团股份有限公司
印　　刷：广州市彩源印刷有限公司
　　　　　（广州市黄埔区百合三路8号　邮政编码：510700）
规　　格：889mm×1 194mm　1/32　印张9.5　字数190千
版　　次：2021年9月第1版
　　　　　2021年9月第1次印刷
定　　价：49.80元

如发现因印装质量问题影响阅读，请与广东科技出版社印制室联系调换（电话：020-37607272）。

自序

本人从事儿童科技教育工作，写本书时，我儿子已经12岁了。回首陪伴孩子成长的这些年，有非常多的快乐时光，我也很享受陪伴他成长的点滴。

先介绍一下我是如何成为"超级奶爸"的。记得太太临产，我进产房陪产。当孩子从妈妈产道出来的那一刻，我惊喜地站了起来，拿出相机拍照。护士狠狠地吆喝我坐下，不准动。我乖乖地坐下，内心充满了喜悦。后来，看着儿子柔嫩的肌肤，硕大的脑门，我内心涌现出一个愿望：希望他以后成为一个"创新、以德为本"的人。我和太太商量好，给孩子起了一个英文名，Sunny。

太太在医院休养五天后，我们就回到了家。Sunny一个人躺在预先准备好的小木床上。第二天白天，风很大，Sunny在小床上睡觉。突然一阵强风把房间门狠狠地吹动了，"轰"的一声巨响，房间门关闭了。孩子吓得大哭，太太把他搂在怀里安抚，可他哭得歇斯底里，涨红了脸，四肢乱动，仿佛在呐喊着。太太紧紧地搂着他，大约过了半小时，孩子逐渐累了，哭声渐渐减弱，慢慢睡着了。没多久，他开始抽搐，四肢每分钟颤抖一次。我和太太一下子不知所措，马上带孩子去儿童医院检查。医生建议住进NICU（新生儿重症监护病房）检查。看着稚嫩的他被医生放进保温箱，之后6天里，每天抽血、打点滴、做各种化验，我的内心在流泪。

6天后，迎来了孩子出院的喜讯。医生说没发现任何问题，开了7毛钱的维生素C就完事了。后来听一些长辈说，孩子的这种情况属于受惊，马上服用保婴丹之类的药物就能缓解。我感觉自己太无知了。从此，我开始购置大量的书籍，学习育儿知识，走上"超级奶爸"的道路。

Sunny六七个月大时，我们开始准备牛奶，给孩子作为人奶的补充品。可这小家伙习惯了妈妈的身体，无论如何都不接受奶瓶。我想方设法，购买了六七种进口奶瓶回来，都被孩子拒绝了。10个月时，因为断奶，Sunny做出了强烈的反抗，哭得稀里哗啦，最终触发扁桃体发炎加腹泻，又进了医院留院。出院后，他突然开始说话了，第一句话就是"爸爸"。一股暖流从我心中涌出，令我惊喜万分。Sunny越叫越大声，咬字也清晰，让我喜笑颜开，一切烦恼都抛诸千里之外，我顿时感受到作为父亲的幸福。与此同时，孩子也终于接受奶瓶了。

因为出生不久即受惊，加上2次住院，Sunny显得特别黏人，对各种声音都很敏感，经常号啕大哭。后来我通过学习才知道，原来这就是俗话说的"言者无心，听者有意"。孩子敏锐的触角让他对不明声音、光线、图像产生了恐惧，留下了心理阴影。

有一次，我参加了一个亲子教育的分享会，会上男性家长只有零星几个。导师开讲前先请全场学员给在场的爸爸们鼓掌。这掌声鼓励了我，激发了我学习的欲望。之后我系统地参加了不少培训班，学习了教练技术、NLP（神经语言程序学），也初步接触了萨提亚。为了更好地把学到的知识运用到实践中，我对公司员工、对儿子不断进行实践，同时也热衷于参加各种线下分享会，分享自己的学习心得。当我不断地处于学习、实践、总结、分享的循环中时，我发觉孩子的变化相当明显。这让我感受到了学以致用的妙处。儿子的成长也引发了我的二次成长，这就是育儿育己。

我日常有个习惯，经常把亲子过程中印象深刻的事情用手机记录下来。孩子4岁时问我："为什么今天地球转得那么快？"6岁后他经常问我一个问题："为什么感觉时间过得特别快？"我告诉他这是因为他做事专心，而且过程也很开心，这感觉就是"心流"。心理学家米哈里·契克森米哈赖对心流（Flow）的定义为：一种将个体注意力完全投注在某活动上的感觉，心流产生的同时会有高度的兴奋及充实感。

我很享受亲子过程的心流。本书将分享我陪伴小儿成长过程中的各种心流瞬间。

本书的内容分两部分。第一部分为"故事篇"，是我与孩子12年来多个亲子心流故事和感悟的分享。第二部分为"工具篇"，和家长分享如何控制自己的情绪及亲子沟通的方法。这部分是我的线上课程的完整内容，已经有几千名家长参与学习。课程包含300多个生活中的例子，大部分是我身边的真实个案；还添加了200多个来自家长学员们的实战案例。希望本书能让更多家长受惠，学会与孩子好好说话。

目录

1

» 故事篇——父子俩的心流瞬间

父子俩的心流瞬间

01

第1章

害怕的感觉很正常：一切从接纳开始

Sunny从1岁到7岁，对很多现象都有莫名的恐惧。他经常搂着我号啕大哭，或者不敢接近某些事物，表现出退缩、拒绝行动的行为。但每一次的经历，都让他获得一次成长。

害怕闪电打雷：不同年龄不同方法，五招搞定

Sunny2岁多时，每次打雷，他都会吓哭，小手紧紧地捂住耳朵，有时还声嘶力竭地哭。这时我知道他很需要父母给予的安全感和爱，因此我抱着他，轻声地告诉他：这种感觉很正常。这是我的第一招。当他感觉到安全时，便没那么焦虑了。

Sunny3岁时，遇上打雷，我会放约翰·施特劳斯的圆舞曲给他听。同时，让他一边听音乐，一边堆托马斯路轨玩具。这是我的第二招。沉迷于快乐中的Sunny，在交响乐中，伴随着开香槟的爆炸声，完全无视"可怕"的雷声。有时我不在家，遇上雷雨天，Sunny也会让家人播放交响乐给他听。他听交响乐一段时间后，有一天说：早上适合听贝多芬，下午适合听莫扎特，晚上听柴可夫斯基最好，打雷时就放施特劳斯。

Sunny4岁时，我告诉他，打雷是雷公通知大家赶紧收衣服。雷公担心大家听不清，所以喊得特别大声——雷公是个好人，很喜欢帮助人。这是我的第三招。Sunny虽然还是害怕，但在捂着耳朵的同时多了一丝笑容。

Sunny5岁时，我开始告诉他，打雷是云和云之间摩擦使空气受热而发出的响声。有时，我用力去拍打沙发，也鼓励他和我一起拍打，让屋子里的拍打声比雷声更大。这成了一种游戏，他玩得很开心。这是我的第四招。多次讲解后，Sunny对打雷便有了几分理性的认识。

逐渐地，Sunny对打雷的声音越来越能接受了，很少再出现大哭、畏惧的情绪。他8岁时的一天晚上，天空不时出现若隐若现的闪电，并没有雷声，犹如远处有人不断用相机闪光灯在拍摄一般。他准备睡觉时，房间灯灭了，闪电一闪一闪地照射到房间里。

Sunny躺在床上，对我说："爸爸，我觉得闪电有点可怕，感觉不舒服，心里害怕。你可以陪我吗？"

我说："可以的。你刚才用了'可怕''不舒服'和'害怕'——都是感受性的词语，爸爸觉得很好，这种感觉很正常。"

然后，我站在Sunny床边陪着他，静静地注视着他，大概过了5分钟。

Sunny说："爸爸，我现在感觉轻松、开心了，舒服多了。"

我说："你刚才又用了三个感受词——你能表达自己的感受，十分好。晚安！"

接着，Sunny就安心地睡觉了。这是我的第五招。

此后，他对打雷、闪电司空见惯，不再害怕。

♥
心流感悟

家长应体察和接受孩子害怕的感受，通过分散孩子注意力，讲述趣味故事，到引导孩子使用感受类词语表达，让孩子逐渐明白感受没有对与错，一切皆人之常情。要达到这个效果最关键是有家长的陪伴和引导。

恐惧游泳：与孩子感同身受，帮他重拾信心

Sunny4岁时参加幼儿园里的游泳班。开始学习的前两个星期，每天早上出门时，他都要把书包里的泳裤扔掉，不然就大哭大闹，不肯上学。我经过了解得知，他很害怕呛水的感觉。

我对Sunny说："爸爸明白Sunny学游泳很努力，也坚持了好几天，呛水时的确很不好受。爸爸小时候也呛过水，鼻子酸酸的，眼睛花花的，但后来爸爸坚持了，很快就学会了。"

Sunny哭红了眼睛，看着我，没说话。

我继续说："小乌龟小时候也是一样的，它也喝了不少水，后来它不断练习，很快就学会游泳了。爸爸相信小乌龟能做到的，

Sunny坚持下去，也一定能做到！"

Sunny听完，拿起泳裤，含着泪水，上学去了。几天后，他就初步学会了游泳。

上小学后，因为只能偶尔游泳，Sunny逐渐对下水生疏了。Sunny7岁时暑假的某一天，我带他去游泳，到了深水区，他却不敢自己游。

Sunny说："爸爸，我有点怕。"

我说："我明白Sunny有段时间没游泳了，暂时有点不适应，这种感觉很正常。爸爸先扶着你，我们先在泳池里散散步。"

Sunny点了点头。然后，我抱着他慢慢地在游泳池内走了一两分钟。走着走着，在离游泳池边大概3米的地方，我对他说："你可以试着游到岸边吗？爸爸在后面跟着你，请放心。"

Sunny点头，然后麻利地用手划了两三下，就到达岸边了。我马上给予鼓励："你刚才像一条海豚似的，几秒就游到岸边了。爸爸还要划好几下才跟得上你。"

很快，Sunny重拾信心，欢快地开始游泳了。

Sunny7岁多时，我带他去了某个竞赛池，水深1.8米。我答应他游一个来回后就去沙池玩沙。

下水时，Sunny紧紧地抓着池壁，说："爸爸，我有点担心。"

我问："担心什么呢？"

Sunny说："我担心游不完一个来回。"

我说："嗯，爸爸明白的，你有一段时间没有长距离游泳了。其实你在幼儿园时，已经可以游两三个来回，现在有点生疏，也很正常。你可以靠最旁边的泳道游，万一你真的力气不够时，可以扶着池壁。爸爸会跟在你后面的。"

Sunny听了，解除了心理障碍，顺利地游了一个来回。

❤ 心流感悟

　　面对孩子的不适应，作为家长首先应感同身受，可以说说家长小时候的经历，增强同理心。然后给孩子一些时间和空间，调出孩子过去的成功经历，强化他的内心，让他知道过去做得到，现在努力一把，一定也能做到。（详细方法请参考本书"工具篇"第6章第1节）

灯光频闪好可怕：引导从感性到理性的认知

　　Sunny4岁左右时，家里阳台天花板上的灯因为衰老而不断频闪，他很害怕。

　　我和Sunny沟通："爸爸明白你看到灯闪，感觉不舒服，有点担心，这种感觉很正常。"

　　Sunny默默地看着我，眼里泛着泪光。然后，我继续说："你觉得这盏灯会打你吗？"

　　Sunny摇摇头。

　　我问："会咬你吗？"

　　Sunny又摇头。

　　我又说："会骂你吗？"

　　Sunny说："不会。"

　　我说："估计是灯管衰老了，爸爸准备更换它。要不爸爸带着你一起出去，看看要买多大的灯管，好吗？"

　　Sunny接受了。我拉着他到阳台，指着发黑的灯管，讲解简单的物理原理。这时，孩子感性上的害怕转化为理性的知识学习后，他释然了。

　　还有一次，其他地方的灯也出现频闪。Sunny又有点害怕。这一次，我带他到洗手间，让他用手反复操作开关，模拟灯的闪烁。Sunny玩得很开心。

我对他说："你也能让灯一闪一闪的，你现在感觉害怕吗？"

Sunny说："我不怕了，我觉得很好玩。"

不过，后来Sunny喜欢玩开关了……

心流感悟

　　害怕只是一种感受，通过引导，让孩子从感性的体会，转换到理性的认识，害怕自然就消失了。孩子的转变需要一些时间，请家长保持足够的耐心，静待花开。

负面新闻留下心理阴影：强化过往成功经验，化担心为知识点

　　Sunny7岁时，某天晚上，朋友说一起去卡拉OK歌厅。我和Sunny来到歌厅门口，Sunny死活不肯进入，哭着搂着我，表现得很害怕。

　　我蹲下，对Sunny说："爸爸感受到你有点害怕，是什么原因呢？"

　　他不肯说，也不想动。我列举他过去的两个勇敢案例：一个是登山时见到黑乎乎的山洞，他主动提出要进入；另一个是我们在一个山洞内湖划船，他不单自己下船，还把自己的感受和一位不敢下船的哥哥分享——很勇敢、很主动。

　　我告诉孩子："如果你准备好了，请告诉爸爸，爸爸愿意听。"

　　Sunny终于开口，原来他之前在电视里看到有歌厅着火了，他很担心。我表达了对孩子担心的理解，告诉他这种感受很正常，同时让Sunny知道这是小概率事件。接着，Sunny放下心来，和我一起进入歌厅。我顺便教导Sunny如何看安全通道的示意图，讲解基本的火灾逃生知识。

第二天，朋友们准备乘船到湖上游览。那艘船的船身油漆基本脱落，顶棚也有些破孔，显得比较老旧。船上的座位是小板凳，船尾的柴油引擎发动时发出了轰隆隆的响声。朋友们都上船了，可Sunny一直不肯上。我和Sunny沟通，一开始他不说话，过了近5分钟，他才说他曾经在电视上看过这种类型的小船翻船的报道，他感觉害怕。我表示理解他的感受，并告诉他游泳是他的强项，而且这艘船虽然有点旧，但看上去还是很结实的。同时船上有救生圈和救生衣，要不我们上船后看看救生圈放在哪儿，救生衣是什么颜色的。Sunny同意了我的请求，和我一起上船了。

♥
心流感悟

当孩子信心不足时，先共情，接纳他当下的感受，让孩子知道家长是无条件愿意倾听的。接着调出他过去的成功案例，强化内心，静静地等待他说出原因。这样得到的信息比家长自以为是的判断会准确得多。最后，家长再帮孩子化解困惑。

对陌生环境的恐惧：直面它，感受当下

Sunny 9岁那年的暑假，我带他去登南岳衡山，凌晨三点起床，三点半启程。从半山开始登山，夜空繁星烁烁，皎洁的弯形月亮分外夺目。我开着手机、打着手电筒，与Sunny一边聊天，一边登山。不知不觉走了接近两个小时，我们走上了一条不寻常的小路。在小路上走了约15分钟，沿途没有发现一个游客。路的右边是悬崖，左边是高耸的岩石，显得格外宁静。路上的野草比之前多，部分野草到我膝盖了。那时是凌晨五点半，天逐渐亮起来，但还需要开手电筒。

Sunny问："爸爸，我们走错路了吗？"
我说："刚才路牌是指向这条路的，应该是正确的。"
Sunny问："这条路能到皇帝岩吗？我们赶得上看日出吗？"

我的内心也有一点恐惧，但想到一句话——直面内心的恐惧，然后，我对孩子说："我相信可以的，今天爸爸和你一起走了这段山路，爸爸觉得很开心。无论是否看到日出，都是一段很难忘的经历。你觉得是吗？"

Sunny说："是的！"

我说："我感受到这里的地砖比刚才的地砖平滑了，路没那么崎岖了，走起来更舒服。你有什么新的发现？"

Sunny说："这里青草的味道更浓了。"

我说："是的。"

我留意着自己的呼吸，在不断地登上阶梯时，我察觉呼吸更粗了。我们继续前行，沿着小路继续走了大概10分钟，终于来到了目的地。10分钟后迎来了日出。Sunny欣喜若狂。当太阳逐渐升起来时，身边有不少家长和孩子乘坐摩托车沿大路上来。没待2分钟，那些孩子就嚷嚷着要离开。此时，我发现Sunny还在静静地用手机拍晨曦、拍风景，琢磨构图，一直到阳光耀眼后，才依依不舍地离开。这一切是因为Sunny付出了努力，所以他更珍惜成果。

当晚，我对Sunny表达自己早上的恐惧感受，Sunny说他当时也感到害怕，但他觉得那个时候不适合表达这种感受，所以他就和我一起努力行走。我听后，给了Sunny一个拥抱。那一刻，我深深地感受到：Sunny又长大了。

♥ 心流感悟

在这个过程里，当我们用五感去觉察，去留意自己的呼吸时，我们的注意力就转移了，更专注于当下，这会让我们忘记自我的不安，这一刻更真实——恐惧往往是担心未来要发生的事情。

02

第2章

关注当下：缓解各种"不舒服"

　　每个孩子在成长过程中都难免经历痛楚，
无论伤痛还是酸痛，孩子的应对模式除了忍耐
和坚强外，还可以是与痛楚共存。

孩子磕磕跌跌的处理方式：引导换位思考

和大多数的小朋友一样，Sunny在3岁前走路也是跌跌撞撞的。有些老人家喜欢在孩子摔倒时说："不疼不疼。"这其实是在否定孩子的感受，摔倒在地上肯定会觉得疼。也有些长辈会让孩子捶打被碰撞的物体，这种方式让孩子学会了以暴易暴。

从Sunny1岁多开始，每当他跌倒或碰撞时，我会鼓励他先抚摸被撞的物品、抚摸地板，因为碰撞是双向的，孩子觉得疼，对方也会疼。而且物体本来是静止存在的，是人不经意地与它发生碰撞，主动碰撞的一方应该向被动者道歉。

这样一来，不但分散了Sunny对疼痛的注意力，而且也培养了他感受他人的能力。一开始，Sunny会哭着去抚摸物品，几秒后他就用袖子擦干眼泪，站起来继续玩了。后来Sunny养成习惯，摔倒或碰到物体就自发地抚摸物体，疼痛感早已被忘得一干二净了。

有时，当Sunny在疯玩，需要注意安全时，我会提醒他，小心物品碰到他，而不是小心他碰到物品。例如，家长一般会说：小心，别碰到茶几。更好的方式是：小心茶几碰到你的膝盖，请慢点走。

💙
心流感悟

触摸被碰撞的物体，是让孩子学会尊重他人。而提醒小心物品碰到人，会让孩子逐渐感受到人比物品更重要，能让孩子内心的自我价值感更强。同样地，当孩子不小心把物品摔碎时，我们应该更关心他是否受伤，然后提醒他下次注意就好了。

接受物理治疗大喊大叫：接纳痛，心自然就放松了

太太发现Sunny腰椎有轻微侧弯，于是为他找来物理治疗师按摩纠正。我看到Sunny趴在按摩床上，每当按摩师发力时，他就发出各种尖

叫声，身体翻来覆去，很不配合，需要两个大人按压着才会就范。第一次按摩后，所有大人都松了口气，Sunny也如释重负，但心情还是低落的。

我对Sunny说："爸爸明白，医生按摩时，肉很酸，又比较疼，真不好受。爸爸教你一个方法，可以减轻痛苦，你愿意试一下吗？"

Sunny说："好啊！"

我说："在医生按摩时，请你不断地有节奏地深呼吸，试一下深深地吸气，慢慢地呼气。"

Sunny跟着做了几次深呼吸练习。

然后，我继续说："深呼吸练得不错，在深呼吸的时候，心里想着'感谢医生为我治疗'。"

在之后的按摩中，Sunny按照我说的方式去做。神奇般地，他变得安静多了，也很配合医生的操作，不再需要其他成人协助。

我曾经和Sunny分享说："爸爸有一次看中医，医生按压我身体时，我也是这样做的；而且爸爸那一刻知道，那种感觉叫"疼"，当我们知道这种感受是疼时，其实就不疼了——疼是感性的感受，而知道现在的感觉是痛时，已经转化为理性的认知。

❤
心流感悟

忍受痛是需要力气的，等于硬碰硬；而接纳痛，心是放松的。通过深呼吸去缓解痛楚，加上理性地认知当下的感受是什么类型，再结合不断感恩，便可以柔克刚。

缓解男生小手术的痛楚：给感觉打分

Sunny在11岁那年暑期做了一个男生小手术，手术时打了麻药，整个过程很顺利。可是到晚上，麻药效力消减，Sunny疼痛无比，坐在椅子上泪如泉涌。我看到很痛心，突然想起之前我购买的心理故事治疗书《汤普森心理童话药书》，马上从书架上拿下来。然后，我找了一张小凳子，对着Sunny坐下。下面是我和Sunny的互动。

我问："现在感觉很痛，对吗？"

Sunny皱着眉头，说："嗯，好痛，呜呜——"

我问："爸爸也明白会很痛，钻心的痛。如果最痛是10分，轻微痛是1分，请问你现在感觉是多少分？"

Sunny歪着嘴，说："9分……"

我说："那的确超级疼，爸爸看到你已经很坚强了。现在我给你讲个故事，好吗？"

然后，我翻开关于疼痛治疗的故事《受伤缝伤口》，故事是关于分散注意力的。我拿着书，慢慢地讲述。过程中，我让Sunny痛就大声喊出来，逐渐尝试用不同的音量去喊。大约过了10分钟，故事讲完了，Sunny的泪水减少了。

我又问："现在疼痛有多少分呢？"

Sunny："7分。"同时，两滴黄豆大的眼泪掉下来。

我说："那还是很不错的，减少了2分。"

接下来，我运用之前课堂上学习的心理学知识，为他进一步化解伤痛。

我问："现在尝试把这份痛往下移，移到大腿上，可以吗？"

Sunny点点头。

我说："很好，继续挪到小腿上。"

Sunny回答："嗯。"

我继续说："接着把它搬到脚底板，到了就告诉爸爸。"

Sunny说："好了。"

我说："相当好，感觉很敏锐。最后，请把这份感觉放到地板上，让它进入地板——进入后请告诉爸爸。"

Sunny轻松地说："可以了。"

我说："爸爸感觉你放松了。"

Sunny说："是的，好多了。"

他的眼泪停止了。

我接着问："现在感觉是多少分呢？"

Sunny："5分！"

我兴奋地说："哇，减少得很快！"

我继续发力，想起他读幼儿园时，每次登山，最喜欢在小溪边玩。

我说："现在想象一下爸爸和你在登山。爬了半小时，到达了山腰，看到树上都是金黄色的树叶，闻到青草青涩的味道，听到小溪哗哗的流水声——你最喜欢小溪，用手摸一下水，是什么感觉呢？"

Sunny说："很凉，很舒服。"

我说："嗯，爸爸也摸了，很清凉，是山泉水。这时，你发现身边有一片手掌般大小的树叶，你拿起来——它是什么颜色的呢？"

Sunny说："深黄色的。"

我问："叶子上有孔吗？"

Sunny说："有，有一些很细的孔。"

我说："你很擅长观察。现在把疼痛放到树叶上，准备好了就告诉爸爸。"

Sunny爽快地说："放好了。"

我说："很好，请轻轻地把树叶放到小溪的水流上。看着树叶一晃一晃地随着溪流漂浮，没多久，它碰到了一块岩石，停了一会儿，然后叶子找到新的路，继续前行，越漂越远，越来越小。最后消失了……和它说声'再见'，好吗？"

Sunny开心地说："拜拜！"

我说："嗯，现在感觉有多少分？"

Sunny轻松地说："1分。爸爸，我没事了！"

没过多久，Sunny就去睡觉了。那一刻，我内心感受到一股暖流在涌动。我一边抚摸着他的头发，一边轻声地说"晚安"。接下来的几天Sunny都出现了剧痛，我也不断地重复这个过程，缓解疼痛的效果相当不错。同时，Sunny也学会通过做手工创作——纸火车、科技作品等来分散自己的注意力，减轻痛楚。

心流感悟

　　《汤普森心理童话药书》里面有很多面对孩子不同状况的治疗故事，可谓家中的心理治疗顾问。治疗故事一般通过隐喻的方式，让孩子在轻松接受的同时，潜意识得到疗愈。讲述故事的过程在润物细无声中进行，既能深层次地帮助孩子，又能增进亲子感情。

睡不着、压力大：专注呼吸好神奇

　　Sunny4岁生日后，我在他的房间布置了一张大床，准备让他自己独立睡觉。首先，我连续几个晚上陪他在床上讲故事，营造氛围。同时我告诉Sunny：爸爸小时候很渴望有一张属于自己的床和房间，现在Sunny已经有了，爸爸很羡慕。几天后，我感觉到他接受新床了。第4天晚上，Sunny顺利地一个人在房间里睡觉了。

　　偶尔，Sunny说睡不着时，我会用多种方式帮助他入睡。有时，我在床边给他催眠，轻声地、慢慢地对他说："放松身体，放松手，放松脚，好舒服，好想睡觉。"

　　重复十来次后，我听到Sunny的呼吸有规律了，就知道他进入梦乡了。有时，我会挑选阿尔法波音乐中促进睡眠的曲目给Sunny听，设置单曲循环播放模式，效果很不错。Sunny特别喜欢听流水的声音，也许和他喜欢玩水有关。

　　当Sunny进入7岁后，我教他轻轻地闭上眼睛，放松身体，感受背部和床接触的感觉——是硬的还是软的。然后留意吸气时空气经过鼻腔的声音，留意空气是凉的还是暖的，留意空气经过鼻子进入肚子再慢慢呼出去的过程，留意呼气时的声音……连续做几次后，孩子便入睡了。这个方法我经常使用，非常有效。

专注呼吸还可以减压。Sunny曾经有段时间要面对众多的作业，有些作业难度不小，让他感受到压力，总是叹气，显得很无助。我观察到这个现象后，引导Sunny用长呼气的方式替代叹气。因为叹气会把整个人的能量场降低，士气低落，觉得自己无力、无助、有挫败感，但问题并不会因此而解决。而且叹气伴随着"唉"的声音——俗话说"唉声叹气"，这是会影响身边人的。

为了让Sunny了解得更深入，我即兴扮演垂头丧气的样子，然后不断叹气，让他去感受叹气是如何降低一个人的能量的。Sunny一开始学习呼气有点困难，我让他呼气时在心里数1、2、3。练习几次后，Sunny掌握了长呼气的技巧。

长呼气是深呼吸的一部分，能帮助人减压，获得轻松的感受，也不会降低内在能量。长呼气只有呼气时的轻微声音，同时，长呼气前要先深呼吸，而深呼吸给大脑更多的氧气，让人更专注于当下，内心更安定，从而去思考如何解决问题。

♥
心流感悟

当我们专注于呼吸时，大脑的杂念就消失了，人也平静了，更容易入睡。有意识地长呼气属于深呼吸，废气呼出得更彻底，利于呼吸交换，利于身体健康，心情也放松了。

挫折锻炼：陪伴与放手的平衡

人的成长总要经历波折，道路总会有些崎岖。我希望在Sunny成长的路上多给他一些磨炼的体验。而最简单的磨炼方式就是进行体育运动。体育运动是易学难精的活动，每个人在进行的过程中都会遇到挑战，而完成挑战又能获得满满的成就感。

登山：描画愿景，调动感官享受过程

从Sunny3岁多开始，我周末经常带他到处去登山。住在城市里，我更希望孩子多去接触大自然。登山很锻炼人的意志，加上我日常经常坐办公室，周末一定要多进行一些运动，带娃登山乃一举多得的事情。

每次登山前，我都会用心理学的"次感元"①技巧，通过五感（视觉、听觉、触感、嗅觉和味觉）去描述登山过程中的体验，让Sunny在大脑中产生相关的联想，从而增加兴趣，促使他有更强的动力达到目标。

Sunny第一次登的是广州的火炉山，一座300多米高的小山。登山前，我们带了水、水晶饼和其他干粮。

在上山前，我对Sunny说："我们爬到山顶，好吗？"

Sunny抬头看了看，说："这么高啊！"

我看到山上不远处有一个亭子，就说："我们去那个亭子里吃水晶饼，好吗？"

Sunny点点头。然后，我们就开始登山了。

一路上，我和Sunny不断聊天，聊看到的花草树木、岩石、昆虫等等，有时观察地上水流的痕迹，探讨台阶的用料，解释拐弯处设置栏杆的作用……所以一路上Sunny一直保持着兴奋度。到休息亭后，Sunny一边吃零食，一边看风景，可是风景被杂草和树叶挡住了。我借势对Sunny说，到下一个休息亭时，会更高，看得更清晰、更远，汽车和房子看起来都会像模型一样。Sunny听了很来劲，赶紧吃完手上的零食，继续前行。

在整个登山过程中，我不断地告诉Sunny下一个小的目标。每次

---

① NLP术语，指在我们大脑内储存的个人经验记忆，由内视觉、内听觉、内感觉、内嗅觉和内味觉等基本元素组合而成。

到达一个阶段性的目的地后，我们都会歇一歇，吃点东西，欣赏风景。快到山顶时，Sunny说累了。我鼓励他继续坚持，说不定到山顶上有豆腐脑吃。Sunny眼前一亮，说"好"，但是说下山时需要爸爸抱。我想，毕竟这是Sunny第一次登山，于是答应他。到山顶后，看到大岩石上雕刻着"312米"的字样，他开心极了。而且果然不出所料，山顶有家小店卖豆腐脑。当天山上的温度是7℃，我们父子俩吃着暖暖的豆腐脑，十分满足。

正在登山的 Sunny（5岁）

Sunny7岁前，我们一起爬了大大小小十几座山。每次都是边爬边聊，时而收集路上有趣的枯叶；时而在溪流中放树叶、树枝，目送它们远去；时而聆听蝉鸣，我告诉儿子蝉在和我们打招呼，欢迎我们……不知不觉间就抵达了山顶。到达山顶不是目的，它只是一个检视点。一起登山的过程、一起发现大自然的美好、一起克服心灵和身体的不适，才是登山的乐趣所在。

心流感悟

登山到顶峰只是一个结果。在登山的过程中要增加趣味感，保持孩子兴致；通过五感去引导孩子感受、体会大自然的美妙。孩子的意志就是在不断的磨炼中一点点地变得坚定起来的。

骑行：陪伴，鼓励，给孩子足够的时间

骑车是Sunny的一大爱好。他4岁时，我给他买了一辆平衡车。没

Sunny 在骑行（3 岁）

Sunny 在骑行（4 岁）

想到练习3天后，就算我把车后面的两个辅助轮去掉，他也能骑了——他就这么轻松地学会了骑自行车。记得刚开始骑两轮车没多久，Sunny摔倒了几次，就发脾气说不再骑了——自行车还躺在路面上。我给他描述他刚才骑的过程：脚踏板踩得很顺畅，手握车把的姿势也不错，告诉他以后骑行时眼睛多看前方就可以了。Sunny听后重新振作精神，扶起自行车继续愉快地骑行。（具体的鼓励方法请参考"工具篇"第6章第3节）

每月我们都会去骑行几次，有时历经三个多小时，来回30多公里；有时在老城区凹凸不平的街道中穿梭，因为Sunny最喜欢颠簸的道路，在这种道路上，他会一边骑，一边大笑；有时我们在岛上骑行，夕阳西下时，静静地等待日落，看着可爱的"咸蛋黄"消失；Sunny还特别喜欢桥，因此我也陪他在不少桥上骑行过。广州市区的绿道基本都骑过一次以后，我们开始去佛山、中山、东莞等城市的绿道骑行。

有一次，我们在二沙岛骑行。离停车场还有1公里时，突然大雨滂沱，附近没有遮雨的地方，只有一些大树。我们躲在大树下，不一会儿，雨滴透过树叶，大颗大颗地滴下来。Sunny说："爸爸，我们冲吧！"我当时犹豫了一下。Sunny马上又说了一次："冲吧！"

看到Sunny坚定的眼神，我答应了他。我们风驰电掣般地在大雨中向停车场骑行。因为路滑，Sunny连人带车摔倒了两次。但他很快站起来，拍拍身上的泥水继续骑。大约骑了1公里，终于到达了停车场。我们的衣服全湿了。上车后，我把毛巾递给Sunny。他一边用毛巾搓头发，一边说刚才的雨好像一个大花洒似的。我看到Sunny兴奋的样子，很为他刚才的表现骄傲。

Sunny7岁时，我送他一台相机，从此他骑行的兴趣就更浓了。因为他有了记录美好世界的新工具。每次骑行时，

我们父子曾进行 30 公里
骑行挑战

Sunny总是喜欢拍摄路上不同的砖块、花草树木、人文景观，尤其是对建筑物进行不同角度的取景。他喜欢桥梁，常常会去拍摄桥墩、栏杆、奠基石等。我便停下来默默地等他，顺便也休息一会儿。

♥
心流感悟

"行万里路"表面上是枯燥的，当家长有意引导孩子观察周边的事物，让孩子享受过程，那么每次出行都会乐此不疲。作为家长，每当发现孩子对某种事物感兴趣时，只要给予机会，加以鼓励，赋予时间，便能燃起孩子内心强大的求知欲。

参加冬夏令营：家长放手，锻炼孩子自立能力

当Sunny迎来小学一年级的暑假，我想着日常我陪他游山玩水不少了，是时候让他尝试离开父母一些日子，学会照顾自己、体验集

体生活了，于是我为他找了一个8天的野外探索夏令营。出发前，确认Sunny记得我和太太的手机号，告诉他万一发生紧急情况时找什么人协助。

8天的时间里，Sunny和陌生小伙伴们一起，学习看地图、搭帐篷，翻山越岭，河边野炊。有时，Sunny把睡裤当外裤穿去训练，我和太太看到照片时笑得前仰后合。晚上，Sunny洗衣服时小手力量不足，会请老师帮忙拧干。虽然Sunny是营地里年龄最小的小朋友，不过坚毅的他从不掉队。

Sunny一共参加了3次野外探索营活动。从老师传来的照片，可以看到他肢体语言和笑容的变化，感受到他的成长是每半年就上一个台阶。

Sunny三年级的寒假时，我打算为他寻找另一种营。Sunny在念

Sunny 雨中在山间徒步

小学前，我陪他学习过《弟子规》，而且当时幼儿园也在践行《弟子规》的内容，我很认可。于是，我在网络上搜索与国学相关的营。搜索的结果有两种：一种是营利性质的国学培训机构，孩子们统一穿古装，照片都是整整齐齐的摆拍，价格不菲；另一种是公益性的，不过招生年龄都是8岁以上。

好不容易搜到离广州市300公里外的普宁市有一家公益性国学培训机构，看介绍比较正规，琴棋书画和体育等课程样样皆有，而且全部素食。我致电机构负责人深入了解后，感觉还算靠谱，于是就报名了。可我心中还是有些忐忑。报到的那一天，我们6点多就出发了，提前一个小时把Sunny送到机构。在参观完校舍，与多位义工老师交谈，最后与两位机构负责人交流后，我心中的忧虑基本消失。

吃过午饭，与Sunny告别时，我看到他眼中泛着一丝泪光。当他说完"爸爸妈妈再见"后，扭头就跑进了课室。8天后，我再次到机构去接Sunny时，他说要给老师提个建议。原来他觉得吃饭时，老师播放国学故事的视频会影响同学们用餐，导致他们吃饭不够专心。毕竟我们家里吃饭时从不开电视。老师十分感谢Sunny的建议。我也很高兴看到他愿意表达自己的心声。老师还说Sunny虽然吃饭慢一点，不过每次都能把碗里的饭吃个精光。

经历了6次不同的冬令营、夏令营，后来Sunny到寄宿学校上学时，很轻松地就适应了。

心流感悟

孩子的成长需要家长适当放手，放手的背后是家长对孩子的信任。我们信任孩子，孩子内心更丰盈，也能更自主地面对挑战。但放手不等于放任，放手是在有边界的基础上解除束缚；而放任是不加约束，任凭其自然发展，是危险的。

第4章

培养自律：做一个让人放心的人

我一直相信自律的人才会有自由。Sunny小的时候，我对他说：自律的意思是爸爸在身边时宝宝能做到；爸爸不在身边时，宝宝依旧能做到。Sunny逐渐长大，我更详细地告诉他：如果一个人对身体管理不自律，经常熬夜，过量吸烟、喝酒，就会导致疾病缠身，这人便失去了自由；如果一个人不遵守公民本分，胡作非为，践踏法律，换来的结果就是失去自由。只有能管理好自己的人，才能管理他人；不自律的人换来的是被人监督、看守。

我是比较自律的，每天早上坚持做100个俯卧撑、3分钟平板支撑、50个深蹲，然后吃苹果，最后吃早餐。平时不吸烟，很少喝酒。因此我也很重视对Sunny的自律培养。

延迟满足：用好习惯记录表培养孩子的自控力

有一个著名的"棉花糖"实验：二十世纪六七十年代，斯坦福大学的心理学家Walter Mischel 在幼儿园里进行了一系列实验。他将小朋友们单独留在一个房间，房间里摆一个盘子，盘子里有一颗棉花糖。他告诉孩子："我有事要离开一会儿。待会儿如果我回来的时候，棉花糖还在，就会再给你们一块棉花糖作为奖励；但是如果你们实在想吃，也可以选择按铃，然后直接吃掉棉花糖。"这个实验的结果是：有一部分孩子没有按铃，直接吃掉了棉花糖；还有一部分孩子犹豫了一会儿，最终还是决定按铃吃棉花糖；大约三分之一的小朋友抵抗住了诱惑，等Walter回来，所以他们得到了两颗糖。

大约20年后，Walter Mischel对当年参加实验的孩子进行了后续的跟踪调查。结果发现，当年那三分之一抵抗住了诱惑的孩子，大都拥有更高的学历和更健康的身体，SAT成绩也比直接吃掉棉花糖的孩子平均高出210分。

延迟满足是指一种甘愿为更有价值的长远结果而放弃即时满足的抉择取向，以及在等待期中展示的自我控制能力。延迟满足不是单纯地让孩子学会等待，也不是一味地压制他们的欲望，更不是让孩子只经历风雨而不见彩虹。说到底，它是一种克服当前的困难情境而力求获得长远利益的能力。

Sunny3岁多时，我就开始培养他延迟满足的能力，尤其是结合一些好习惯的养成。有时我在家里工作，Sunny来找我陪他玩。我会告诉他："我明白你想让爸爸陪你玩，但爸爸正在工作。半个小时后，你再来找爸爸，好吗？"半小时后，我一定会准时陪他玩。

有时真的遇到急事，约定的时间不能预期兑现，我会提早告诉Sunny：爸爸遇到突发事情需要处理，要延迟多少分钟。因为我在Sunny心中形成了守信用的良好印象，所以偶尔出现的突发事件也能轻松得到他的理解。

Sunny4岁多时，我希望培养他早晚刷牙的好习惯。于是，我给他定下早晚刷牙的任务：每刷牙1次爸爸就画下1颗星星，没刷就要扣1颗。累积10颗星星就可以兑换一个礼物，礼物由Sunny自己选择，可以是吃他爱吃的东西、买他喜欢的书、看一场他指定的电影或者买一个玩具。孩子非常开心地和我达成共识。

我们在记录的过程中，每累积10颗星星就画一个徽章，徽章的样式由Sunny决定：太阳、彩虹、轮船、大巴等。Sunny最喜欢兑的礼物是食物和玩具，有一次他兑了一个大披萨，我带他去西班牙特色餐厅饱餐了一顿。也许是经过自己努力得到的礼物，他吃得特别多，特别开心。所有兑换的玩具他都特别珍惜，不少玩具到现在都还保留着。

在记录星星的过程中，我认为更关键的是与孩子的沟通（详细技巧参考"工具篇"第6章第4节）。Sunny很看重星星和奖章的数量，每次扣除时我都让他认识到是什么原因导致的，然后让他自己扣除。有一次，Sunny估计是犯困闹情绪，睡前不想刷牙。我就明确告诉他，这样会扣星星。他嘟着嘴，一肚子气地回房间，躺在床上。

我走到他床边，对他说："爸爸知道你困了，所以有点生气，对吗？"

Sunny点点头。

我说："不刷牙的后果，我们之前看过视频和书，你都记得吗？"

Sunny继续不说话，但点点头。

我问："那你想牙疼吗？"

Sunny撇着嘴，轻声说："不想牙疼，但我今天不想刷牙……"

我说："爸爸明白，那你来选择就好了，要不我们用白开水漱漱口，好吗？"

Sunny马上说："好啊！"

此时，Sunny的情绪开始放缓。漱口后，我说："按照我们的约定，不刷牙要扣星星，请你在本子上记录。"

Sunny 的好习惯培养记录表

Sunny爬起来，拿笔在本子上慢慢划掉了1颗星星。我看到他的眼睛都红了。接着，Sunny倒在床上，脸背向我，赶紧说："爸爸晚安。"我关灯时，与Sunny说"晚安"道别，看着他会心一笑。

经历这次事情后，Sunny晚上刷牙变得积极了。毕竟是小朋友，有情绪的起伏很正常，允许孩子一步步改善，学会对自己的选择负责。

Sunny从小到现在，从未在商场对要求购买玩具耍赖。当他看中某个玩具时，会告诉我想用自己积累的徽章去兑换。家里的玩具除了特殊节日时购买的和我觉得比较开启思维的外，其余都是他靠自己的努力兑换回来的。有时，Sunny看到自己有好几个徽章，就用我的手机在淘宝上收藏了不少玩具。他很注重价格，一般玩具的价格都在200元内，大部分是几十元的。兑换玩具下完单后，Sunny每天放学回家，看到我就会问快递到了没有。

💗 心流感悟

　　从小培养孩子延迟满足，能让孩子在追求自己的目标时，避免找捷径，更能抵制住即刻满足的诱惑，让孩子愿意为了更长远的目标去努力。培养孩子的自控力，从而更好地投入到当下，更好地应付生活中的挫折、压力和困难。

培养耐心：美好的事情都值得等待

　　生活中有很多事情不会马上发生，按照社会的公平原则和秩序，我们需要按次序去获得。

有时，我和Sunny在科学馆排队看5D电影，由于每次能进入的人数有限，影院门口排起了S形长龙。

Sunny排了一会儿队，就不耐烦地说："怎么这么久！"

我说："美好的事情都值得等待。"

我观察到隔离队伍的栏杆是伸缩带，于是，我就问Sunny："为什么这里用伸缩带围栏，而不用铁栏杆呢？"

Sunny说："因为铁栏杆重。"

我说："是啊，太重了容易砸到小朋友。"

接着，我就和他不断探讨围栏的种类，想到有些时候植物也可以成为栏杆。我们聊得开心，不知不觉间排队的人少了，我们前面只剩下3个人。这时，我看到有家长带孩子前来，也准备排队看电影。虽然排队的人少，可是那位家长和孩子依然得绕着S形的通道进来。

我对Sunny说："你看看那位阿姨，带着小朋友，还要绕那么多圈才能进来，你觉得怎样可以让他们快点进来呢？"

Sunny说："把围栏带全部缩起来。"

我说："是啊，这是一个方法。只是，这样的话，如果突然人多，工作人员又要重新拉围栏了。还有其他更好的办法吗？"

Sunny想了想，说："把我们后面的围栏和对着围栏的那一排围栏带都打开，那么其他人就可以直接走到我们后面了。"

我说："非常好的想法！在机场办理登机牌时就是这样设计的。"

正说着，轮到我们进影院了。Sunny开心地说："还挺快的。"

排队的过程是枯燥的，当家长愿意去引导孩子发现身边的细节时，乐趣自然而来，时间也在不经意间过去了。

记得Sunny 5岁多时，我带他去爬白云山。到山脚时，已是中午时分，我们打算吃饭。我们来到了一家餐厅，由于是周末，就餐的人非常多。服务员礼貌地告诉我，因为人多，上菜估计会慢点，请我们耐心等待。既然要等一段时间，我就开始想怎么和Sunny互动一下，让他能度过这段时光。很快我的眼光被桌面上的筷子吸引了。

我先用两根筷子摆成"11"，然后问Sunny："爸爸觉得这样像路轨。你觉得还像什么？"

Sunny说："像无轨电车电线！"

我说："对哦，还像什么？"

Sunny说："缆车索道。"

我说："哇，真的很像！还像什么？"

经过几次发问，Sunny想不出了。我又说："你来摆一摆筷子，看像什么？"

接着，Sunny就把筷子摆成A、X、\\、V等形状。每种形状，我们都联想了很多物品，玩得特别开心。当Sunny说V像时间11:05时，我愣了几秒钟才想到，被震撼到了。当我们玩得不亦乐乎时，服务员开始上菜了。我一看表，噢，已经过去了半小时，我还以为只玩了几分钟呢。

两根筷子可以有无数创意

有时，我还会引导Sunny用牙签来做字，他玩得很开心，根本不需要手机来消磨时间。

培养孩子的耐心，家长要以身作则。我们一家出去旅游时，Sunny经常要拍摄他感兴趣的物品。有时他会等一艘缓慢行驶的船驶过，全神贯注地按下快门，捕捉最美的拍摄角度；有时来了一趟地铁，但他说下一趟的车厢会很特别，我和太太就会继续陪他等待；有些电动扶梯的侧面是透明的，他会在那里待很长时间，静静地观察它是如何运作的……每次去旅游，除了拍景观外，Sunny还喜欢拍摄各种各样的地砖、墙面的纹理，看到他专注和享受的样子，我感到很欣慰。

有些家长说他们没有我这种耐心去陪孩子。我反问对方："万一孩子进了医院，需要家长照顾，这时你愿意耐心陪伴吗？"对方说："肯定愿意。"我说："这表明你还是有耐心的，只是心中的天平在衡量事情的重要程度而已。"

过去人们都是用胶卷相机拍照。当时胶卷普遍价格高，而且冲印也需要等待一到两天。于是人们使用相机时很谨慎地按下快门，希望每张照片都接近完美。我甚至见过有人拍照时，因为相机前方突然有

牙签造字

拍地砖纹理

拍模型细节

不知情的游客走过，形成互相对骂的情景——原因在于每张照片付出的金钱和时间成本比现在的数码照要高得多。所以越是在先进的科技时代，越是要提醒自己还是要认真谨慎地做好每一件事。

我经常在科技馆、动物园里看到一个现象：孩子们正在专心地玩一个装置或者观赏动物，也许它们在家长眼里并不起眼，但孩子们却饶有兴趣。很多家长往往迫不及待地催孩子快走，去玩下一个，因为"下一个更好玩、更好看"。

"快"，意味着当下的事情已经不重要了，心不在当下，而在未来。

生活中这样的案例比比皆是，例如：

家长催促孩子去看下一个动物，因为家长对眼前看到的动物已经没兴趣了；

家长希望孩子吃饭快点，因为食物的味道已经不重要了；

家长督促孩子走路快点，因为周边的风景不再重要……

在外面，当我发现Sunny沉醉于某样事情时，一般情况下我会轻声问他还需要多少分钟，然后静静地等他。有一次，在科学馆有城市规划的投影互动，其他小朋友玩几分钟后就离开了，但Sunny把积木建筑放在不同位置，反复组合、摆放，然后拍照记录。看他这么忘我，我就在旁边的椅子上坐下。直到半个多小时后，他提出离开，我们才继续参观。

Sunny吃饭比较慢，通常我会限定他的吃饭时间。在家和学校，他进步不少，不过到外面用餐就不一定了。有一次，我和几位朋友一起带各自的孩子出游。到了用餐时间，几位小朋友都迅速吃完了，唯独Sunny还在慢悠悠地吃。有一个女孩子说Sunny吃饭太慢了。没想到Sunny不慌不忙地回了一句：

"你有品尝过食物的味道吗？"

我听后，对总是活在当下的Sunny发出赞叹，同时也希望他的效率能继续提升。我教Sunny区分快与慢：没约定时间时欣赏事物可以慢，约定时间时动作需要快。

每个站牌在 Sunny
眼里都是独特的

为了更好地摄影构图，Sunny 变换各种姿势

城市规划的投影互动

Sunny问："为什么有些事情刚发生，但觉得过去了很久？"

我听后，一时感觉脑容量不足，语塞。上网查了后，我才知道，人的记忆分短期记忆区和长期记忆区，事情发生时会先放入短期记忆区，再逐步移动到长期记忆区。但有时大脑会出错，直接存储到长期记忆区了。

过了几天，Sunny问："爸爸，今天的房子和昨天的有什么区别？"

我说："我看不出，请告诉爸爸。"

Sunny说："所有东西随着时间都会变化。今天毛巾挂这里，昨天挂那里——是不是一切都有变化？"

听后，我感觉我们父子俩已经在不同时空了。

我经常听到一些孩子说"无聊"，其实无聊是注意力无法集中的表现。当有事情吸引到孩子时，孩子的注意力就集中了。这种事情最好是非电子化的，意味着是除了电子游戏、视频以外的。如果**孩子长期习惯在电子产品前获得专注力，那么他就需要不断有更强烈的刺激才能集中注意力**，以致于对平常的生活细节、纸张书籍或杂志都提不起兴趣，形成了"无聊"的思维惯性。

♥
心流感悟

　　生活中排队的事情比比皆是，无论是吃饭等位，还是景点排队、银行办事等，都少不了。只要家长愿意与孩子互动，这些时间都是很好的亲子时光。家长有耐心，是孩子的榜样，更是前文所谈的延迟满足的前提——愿意为更长远的目标而等待。

设立边界：做一个有原则的人，从生活的细节开始

　　给孩子设立边界的出发点，是让每个人对自己的事情负责，也给每个人一定的空间，明白自己的责任范围。就像我和太太对Sunny的教养也设立了边界：太太负责Sunny的身体——饮食起居，我负责Sunny的大脑——学习教育。以前没设立边界时，夫妻俩会因为职能互相重叠，因Sunny的教养问题产生过不少分歧。当边界清晰后，每个人做好自己的本分后，边界外的事情可以给对方提出建议。毕竟每个人成长的原生家庭不一样，形成的应对模式也不一样。边界清晰对减少家庭内部矛盾、达成有效沟通很有帮助。与此同时，当夫妻对孩子的教养边界清晰后，也能减少孩子因为父母的不同意见而产生的无所适从的困惑。

承诺边界

　　我在Sunny小时候就开始给他设立了不少边界。前文举例我在工作时Sunny找我玩，我让他等待半小时，这就是一种边界设立。从Sunny3岁开始，我不断为他植入"说得出，做得到"的理念，经常是我说上句，他说下句。有了这个关于承诺的边界，只要Sunny答应我的事

情，我就无条件相信他。Sunny在四五岁时，很爱看动画片，我建议他每次看不超过两集，大约20分钟，看完就自己关电视和DVD机，他答应了我。一开始的时候，偶尔Sunny会失约。我和他沟通。

　　我说："动画片看得开心吗？"

　　Sunny说："开心啊！"

　　我说："爸爸感觉你看得有点久，请问你看了多少集？"

　　Sunny说："三集。"

　　我问："很坦白。爸爸和你约好看多少集？"

　　Sunny有点不好意思地说："两集。"

　　我说："你答应过爸爸的事情，爸爸是完全相信你的。这次暂时没做好，下次做到可以吗？"

　　Sunny说："嗯，可以。"

　　我说："说得出……"

　　Sunny说："做得到。"

　　我说："很好，爸爸相信你能做到的。"

　　有些育儿理论，建议在孩子失约时，告诉孩子下次会采取减少约定数量的方式。例如这次约定看两集，做不到的话，下次就只允许看一集。我更倾向于以看人之大的方式去处理：当家长相信孩子能做到时，能让孩子感受到父母的包容，孩子自己也会感到愧疚。评价孩子做得不够好的地方，我一般会加一个词"暂时"，代表着我相信孩子是能做好的，只是这一次做得还不够理想而已。

　　当然，承诺边界的建立首先要家长以身作则。我承诺过Sunny的事情都会努力去做到。我也有说到却未能做到的事情——自己不经意地答应孩子一些事，随后忘记了。Sunny会给我反馈，我也会主动道歉，鞭策自己留意。有了承诺边界，家长与孩子之间有了信任的基础，彼此的互动空间就更大了。

　　好几次，我在父母小区停车，因为找不到停车管理员，所以不能及时结算当次的款项。当我再次来到停车场时，会先主动结算上次的款项，同时与Sunny重温《朱子家训》中的一句"与肩挑贸易，毋占便宜"。

在英国旅游时，我们乘坐的列车上有很多空座位都插了一张纸，代表座位是被预订了的。座位旁的走道和列车车厢之间站了许多没买座位票的旅客。让我震惊的是，所有站着的旅客都不会违反规则，宁愿站着也不会去占用被预订了的空座位。我与Sunny分享：当一个地区的人都很遵守承诺，他们就不需要增加额外的人力去维持秩序，这样管理成本就大大降低。

插了预订票的座位

承诺的另一种体现是守时，守时的背后是对这件事情的重视程度。公司员工迟到了可能会有各种理由，堵车、忘记调闹铃等。但如果老板告诉员工一个月全勤奖励100万元，相信所有员工都能做到全勤。不过这是基于物质奖励，长期使用会出现负面效果。我每次带Sunny赴约都是提早10分钟以上到达。我们家住在高层，有时出发时刚好遇上电梯维修，我就顺势与Sunny说，幸好我们预留了足够的时间，不然就会迟到了。而能做到守时的前提是未雨绸缪。以前陪Sunny学习过《朱子家训》，当中有一句"宜未雨而绸缪，毋临渴而掘井"，所以我要求他每次出行前把各种事项提前准备好，我给他定义的准备就绪的标准是：随时可以出发的状态。

对于儿童教育，更重要的是从价值观层面去引导，让孩子成为一个让人放心的人。放心的意思是靠谱，我给Sunny的解释是做人要像太阳：太阳升起、降落，第二天依旧升起——晚上太阳下山后，大家不用担心明天太阳是否还会升起，因为太阳很讲信用。经过这样的引导和培养后，Sunny答应过我的事情，我绝对放心。

❤
心流感悟

承诺是让人放心的允诺，培养孩子说到做到，意味着引导孩子做一个靠谱的人。做事情要从做了，到做到，到做好，再到值得让他人相信和托付。

物归原位边界

从Sunny读幼儿园中班开始，我就引导他"物品从哪里来，就要回到哪里去。"最简单的是从收玩具开始，从哪里拿出来，玩完后就放回到原来的地方。在规则养成的过程中，孩子也会出现起伏。

有时，Sunny不想收拾，我会告诉他："玩具在地上没收拾好，爸爸妈妈不小心踩坏就玩不了了。"

有时，我会模仿玩具说话："有辆小火车说，它很孤独，它在等一个小朋友带它回家。"

每次儿子做完手工，我都培养他把工具放回原位。一开始，他不太理解为什么要这样做。我告诉他，只有把工具放回到原来的地方，下次再使用时才能迅速找到。日常吃完饭要把椅子推回到餐桌下方，这样做可以让我们有更多的道路行走，避免绊脚。同样地，日常看完电视把遥控器放回原位，下次就能轻松找到。Sunny出去玩回家后，要把钥匙放回原

Sunny会分类存放他的"宝贝"

位；用完重要的证件，回家后第一时间就是将它放回到原来的位置，切忌"等会儿再放"……经过这些日常行为的锻炼，Sunny逐渐形成物归原位的习惯。我相信这样做也有利于他的思维整理。

太太买了不少收纳盒给Sunny，让他把物品分类，各安其所。Sunny平时很喜欢收集各种票，包括交通的、景点的。我找了一些大袋子给他。他自己标注好，把票据分门别类地存放。

Sunny进入初中后，假期的作业增加了很多，书桌上的书本和作业本堆成了小山坡，像刚打完仗似的。但到假期结束时，我进入他房间，发现书桌已经被清理干净了，所有物品都归原位了。这是一个好习惯。

Sunny 整理后的书桌

💗
心流感悟

培养孩子物归原位的习惯，也是在培养一种生活方式，让物品、事情、思绪都各安其位。我相信这样的思维更加清晰，让孩子处事更加从容，有规可循。

尊重边界

尽管孩子在年龄和身体上都比成人小，但孩子也是一个独立人格体，对待孩子要像对待成人一样平等。从Sunny蹒跚学步开始，我每次和他说话都会蹲下来。为孩子拍照时，我会尽可能地蹲下或者屈膝，保持与孩子一样的高度。这样拍出来的照片，才不会成大头照。和Sunny对话时，我也会和成人对话一般，多用礼貌用语，"请""谢谢""不客气""打扰"都必不可少。进入Sunny房间前，我会敲门告知。有时他情绪不好时，说"不能进"，我也会尊重他的意愿，过一会儿再来。有时我也幽默一下："听说孙悟空在门口画了一条线，爸爸不敢碰。"孩子笑了，就会让我进去。

当我在外和Sunny或者与其他人在一起时，一般会把手机设置为震动模式，克制自己尽量不看手机，因为看手机会让别人觉得他说的话不重要。如果别人正在说话，我要回信息或接电话，我会表达歉意再进行。我不时与Sunny分享：**要珍惜眼前人**。久而久之，Sunny也养成了类似的习惯。尽管他也有手机了，但与他人同处时，他不随意翻看手机。

现在每个人的手机里都存放了大量的照片，日常见面都喜欢分享照片。我提醒Sunny，别人把手机给我们看照片时，我们只能看当前的照片，手指头不可乱划，看完就返还手机给别人。

家里每几个月会进行一次大清理。清理前，凡是涉及Sunny的物品，不单单是玩具，还有一些诸如木屑、绳子等，都要先征得他同意才扔，如果他不同意，我会继续保留，直到某一天他愿意放弃。有一些比较占地方的物品，例如玩具包装盒，我会建议Sunny拍照留念后再扔掉。**当家长尊重孩子时，孩子也慢慢学会了尊重成人。**

除了尊重人外，对物品也要尊重。我向Sunny解释，当我们**发自内心地去尊重物品时，会更加爱惜物品，物品也会更加耐用**，我给Sunny举例：我们珍惜玩具，玩的时候力度适中，收拾时轻拿轻放，那么玩具就可以陪伴我们很久。家里的童书，每一次阅读时轻点翻，保持书本完整，那么就可以看得更久，长大后还可以把书捐给乡村的小朋友。我为手机贴上了保护膜，买了保护套，日常使用时小心注意，不让手机摔落，基本上一台手机能用好几年，等到更新换代时外壳依旧崭新。我们尊重家具，开关门窗轻一点，日常多清洁，家具就会更加耐用。

太太在Sunny一年级时送给他一个帆布材质的笔袋，他很喜欢，用了五年多，直到拉链破损。有一次，我接Sunny回家，途中和他同学的家长一起走，那位家长抱怨他孩子每个学期都换一个新笔盒，太浪费。没想到Sunny来了一句："笔盒只是用来装笔的，一个就足够了。"

Sunny 用了五年的笔袋

我听后很开心，因为儿子明白了**"物体背后都有功能"**，这与**"行为背后都有正面动机"**一样。当我们了解物体背后的功能时，我们对物品会更加敬畏，而且也不会刻意去追求物品外在浮夸的包装。

有时我到外地出差，偶尔会在酒店遇到一些不尽如人意的事，诸如窗帘某个角落有一些脏的痕迹，空调机声音有点吵等。当我没办法去改变环境时，那么我可以去思考这些物品背后有什么功能：窗帘帮助人阻挡阳光，空调为客人创造了适合的室温……这样自然而然就会接纳它们的不足，从而使自己的心情变好了。

♥♥
心流感悟

尊重物品，物品会更长时间地为我们服务，这样能减少不必要的浪费。了解物体背后都有使用功能，可以更清楚地知道自己需要的只是物品的用途属性，只要配合简约的人性化设计，恰到好处即可。

不拖延边界

Sunny念四五年级时，某个周末，他在做作业，到中午时分，我进入他房间，了解他作业完成情况。他说没做，上午在清理房间。我问Sunny剩下的时间是否够完成作业，他回答应该够，但有点紧。于是我顺便和Sunny分享了如何对事情的重要程度进行分类。

生活中的事情一般可以以"重要"和"紧急"组合成四种类型。每种类型我都对Sunny举例说明：

重要又紧急的事：立即、认真地做完，例如上学时发现没系红领巾。

重要而不紧急的事：尽快行动，例如整理房间物品。

不重要但紧急的事：立即行动，例如做作业时听到有人敲门。

不重要又不紧急的事：忽略，例如刷手机上的短视频。

不重要又不紧急的事，最好忽略、舍弃。最需要强调的是重要而不紧急的事。很多生活中的事，一旦拖延，随着时间的流逝，到最后都成为重要又紧急的事，容易慌了分寸。例如：

作业拖到最后才做，遇上老师增加附加作业，或者有人来家里拜访，弄得自己手忙脚乱；

英语学习账号一直不续费，到最后一天晚上才想起，那时碰巧手机没电，就会让自己很被动。

同时，我和Sunny探讨了不少生活里属于这种类型的事情，例如：

探望长辈：岁月如梭，要珍惜眼前人，要多做、及时做。

定期清理房间废物或不再玩的玩具：腾出更多空间，让心情舒畅——每年我们都会定期清理家中的物品，有些实在下不了决心扔掉的物品，我们就贴个便条，写上日期，一段时间后，发现物品一直没被使用过，立即扔掉。

家里该维修的物品：尽早修理。无论是人或物，病从浅中治。

❤
心流感悟

当我们习惯了尽早完成重要而不紧急的事，可以减少内心的牵挂，也减少了事情对内心的干扰，可以让我们有更多精力专注于重要的事情。

彻底完成边界

生活中，如果我们做每一件事都是未完成就开始做新的任务，这样就会留下很多隐患。我对Sunny也是这样教育的。我不时强调，要把一件事彻底完成后再开始做其他的事。有时他做完功课就马上开始做创客制作，我却让他先收拾好作业再开始创作。Sunny不解。我告诉他，如果桌面的文具未收拾好，就马上开始创作，完成创作后很容易把文具放入工具箱，那么上学时才会发现少了文具。同时，如果作业本垫在要创作的物品下方，裁切时容易被损坏，损坏了就不能交作业了。

我还喜欢用句号给Sunny打比喻：**对每件事写上了句号，再开始下一件事，让每件事都有清晰的结束标志。**生活中有很多事情都是如此，例如：

吃饭后哪怕不是自己洗碗，也要把自己的餐具拿到厨房，然后洗手；

画完画后清理桌面，把毛笔冲洗干净，可以避免笔尖干了后变硬，影响下次使用；水彩笔用完盖好盖子，避免彩笔干枯。

日常，我对公司将要离开的员工，也会事先沟通，希望他们离开前撰写好交接文档，与同事交接清楚，有始有终，好聚好散。

我也告诉Sunny，如果遇到一些迫不得已的急事，务必放下手头的任务。当完成后回到原位，可以先深呼吸几次。这样有利于思维重整，然后继续做之前的事情。

心流感悟

如果我们没有彻底完成一件事，就开始去做下一件事，那么证明我们的心不在当下。留下的小尾巴，将来要付出更多的精力甚至是代价去收拾。我相信生活中的这些修炼，对于孩子的学习和将来的职场都很有帮助。习惯于把每件事情彻底完成，能更有效地避免孩子将来形成拖延症。

培养责任心：让孩子有社会担当

一个人责任心的大小决定了这个人做事的方式，简单来说就是一个人愿意负责任的范围越广，胸怀越大。记得以前上课时，导师说了一种现象：很多人看到自己家里的马桶没冲，都会去冲，因为这是在自己家。但为什么在公厕看到马桶脏了，会选择换一个呢？因为人们认为公厕不是自己家的，所以就缺少了责任心。导师笑称这叫"马桶理论"。

Sunny如果看到公园的水龙头没关紧，他会主动去扭紧；看到小区电梯厢有垃圾，他会捡起来等到电梯门开后找垃圾桶扔掉；有一回，在路上看到共享单车倒下了，他去扶，扶了一辆发现还有一辆，扶完后发现还有十几辆，只好作罢。

从另一个角度探讨，负责任的心态是因为我们愿意对它负责。如果有能力去做、去帮助那是最好的；如果没能力给予帮助，起码有负责任的心，愿意对

看到公园水龙头滴水，Sunny 会
主动关水闸

这件事负责。假如孩子有了这份"愿意"的心，我相信在未来，当他身边的资源丰富时，他就能结合资源，对负责的事情付诸行动。

Sunny在生活中会看到一些不够好的事情，我会引导他提出解决方案。然后，我帮他反馈到与这件事情相关的官方微博，贡献绵薄之力。

有一天，我带Sunny来到一个大型公园。他看到很多人走到草地上，他说："要改变这种不文明的行为，可以在草地上安装旋转喷淋。安装后，人自然就不会走上来了。同时，要教育小朋友从小爱护植

物。"这让我感受到Sunny处理问题的方式很柔和，而且有效。

有段时间，Sunny为共享单车的体验操碎了心，经常在思考如何优化体验。Sunny发现有人骑共享单车走在桥梁的机动车道上，他说可以通过单车的GPS定位，发现有人走了这样的路，就十倍收费。当Sunny看到有人乱停单车后，他建议停车后强迫拍照，超过一分钟不拍照就继续收费，而且是双倍收费。这些意见我都帮他反馈给了共享单车的官方微博。

您好~宝贝好萌好聪明！帮您反馈上去~

摩拜单车客服的回复

我和Sunny去过很多次广东省博物馆。博物馆的建筑外观设计还不错，有特色，可是招牌却做得非常低调。Sunny9岁时看到这情景，回家后自己用PS做了3个方案，让我发给广东省博物馆的微博。

Sunny 的
设计方案

Sunny 的
设计方案

Sunny 的
设计方案

白色虚线框住的部分是
广东省博物馆原有招牌

2021 年广东省博物馆修改了招牌
设计，字体和 Sunny 的方案很像

也许孩子反馈的意见并不成熟，未必会被吸纳，但孩子愿意对天下事负责的态度，我是绝对支持的。与此同时，我告诉Sunny：自己贡献了力所能及的力量去帮助他人，无论对方是否采纳，只要付出了，就心满意足了。

时隔3年，2021年3月我路过此馆时，发现招牌改变了，博物馆的馆名变得显眼了。我好奇地问工作人员是什么时候改的，接待客服回答是年初。我听后十分兴奋，孩子尽自我绵力去贡献，静待花开，奇迹不经意地发生了。晚上，我告诉Sunny这个消息。他听后，双眼闪闪发光，看到我拍摄的博物馆照片，他甜滋滋地说："改得挺好的。"

Sunny读二年级时，有一次他在作文里写道：现在，城市的物流受到人和交通状况的影响，一旦堵车容易导致货物延迟。他建议创建地下传送带，通过人工智能控制，全自动运输货物。后来我听说美国亚马逊正筹备建立类似的地下物流系统，我为Sunny的超前创意感到兴奋。

某天，Sunny和同学们一起到广州城市规划展览中心游玩。在一个虚拟驾驶的设备旁，他和同学们排起了队。前面有个陌生的孩子和家长在驾驶，但玩了十几分钟都不离开。此时，同学们都有点不耐烦了，又不知如何处理才好。Sunny看着设备旁的驾驶指南，突然大声朗读："游戏规则：每人限玩1次，到下一站下车。"

Sunny连读了3次。那位家长听到了，便带孩子离开了。我当时很感慨：他的处理方式十分得体。

❤
心流感悟

培养孩子负责任的心态，也是一份胸怀，是对家事、国事、天下事愿意担当的信念。只要用愿意负责的心去看待世界，将来必定能付诸行动。有责任心的人更靠谱。

低声说话是文明：培养孩子有理不在声高

我以前经常要到国外出差，发现在日本的地铁车厢里，几乎所有人都把手机设置为静音或者震动模式。在新干线列车上，日本人接听电话会自觉走到车厢的连接处，压低音量交谈，怕打扰到其他人。

我从小就喜欢安静，和Sunny对话时，我习惯说话声音比较低。Sunny曾经在作文里描述"爸爸讲话很温柔"。俗话说"有理不在声高"，大声说话是本能，而小声说话是文明。如果靠声音大来震慑对方，是一种无能的表现。这样做只会给孩子带来恐惧感，当孩子逐渐长大后，尤其是到了青春期，他会用同样的方式回击父母。

我家旁边有一所小学。有段时间，大家发现学校广播的音量越来越大，校领导们通过广播喊话，仿佛在业主旁聊天一样，已经干扰到居民的生活了。业主群里就此事议论纷纷，其中一位业主认为，孩子们整天在这种高分贝的环境中成长非常不好，他们很容易养成大声说话的习惯，大喊大叫，尽失斯文。

日常我和Sunny外出时，会留意各种公共广播的音量和音调，例如高铁站、地铁、公交车报站系统的语音设置。在中国，地铁的关门声一般是"嘟嘟嘟"的声音，而日本有些地铁用的是布谷鸟的叫声。Sunny

Sunny 一年级时画的画和小作文

告诉我，学校现在的上下课铃声是轻音乐，听起来很舒服。这让我感觉，相比自己童年时学校那种让人"精神抖擞"的响铃，采用轻音乐作为校园铃声是一大进步。

❤ 心流感悟

　　家长与孩子沟通时应保持适当的音量，哪怕是批评，也可以严肃地低声地进行。少一分情绪，多一分理智，有利于增强沟通的效果。潜移默化地培养孩子有事慢慢说、有话轻声说的习惯。

种心锚：植入能量开关

　　心锚是心理学的词汇，属于条件反射里面的一种形式。**心锚是一种永久性的体验，当人建立心锚之后，那么在任何时刻都可以得到它的力量加持。心锚可以是一句话，一个动作，一件物品，等等。**前面提及的"说得出，做得到"就是一种心锚。（详细方法请参考"工具篇"第7章第1节）

　　Sunny2岁多时像一只小猴子，活泼好动。他说话不算晚，咬字也挺清晰，只是到2.5岁时说话都是以单字或短语为主。于是，我开始和他玩语言游戏，他说一个字时，我就做扩充。例如Sunny说"冲"，我就面带笑容，很兴奋地说：冲凉、冲锋、冲进……他说"红"，我就说：红色、红豆、红叶……过了一段时间，我们就开始玩词语接龙，一人一个词，红色—色彩—彩带……慢慢地，Sunny的词汇量和说话的长度都增加了。

　　快3岁时，Sunny说话开始断断续续的。有时，Sunny很想描述一样东西，可是表达能力跟不上。比如，他说："我想玩、玩、玩……火车。"有些朋友或亲戚听到孩子的表达时，会直接说："哟，宝宝怎么了，怎么会口吃呢？"

　　这时，我意识到这是一种思想病毒，我要马上把这些负面语言进行转化。我说："Sunny只是脑袋转得快，嘴巴的反应暂时没跟得上而已。

Sunny，爸爸明白你刚才想表达的意思，慢慢说，你一定可以的。"经历了半年的鼓励和支持后，Sunny说话有了很大的好转。

幼儿园小班老师说Sunny还没学会双脚跳。我对他说："老师说你单脚跳得不错了，爸爸来教你双脚跳。"之后连续几晚，我回到家就扶着他在床上练习双脚跳。很快，他学会了。

从那以后，我对Sunny说："爸爸相信，只要Sunny想做的事，就一定做得到。目前做得不够好，只是暂时的，不是永远的。"

Sunny点点头。然后，我说："记得爸爸说的：只要Sunny想做的事，就……"

Sunny说："做得到！"

我补充说："对，一定做得到！"

"只要Sunny想做的事，就一定做得到。"这句话成为我给Sunny种的一个心锚。每次当他需要一个人去面对事情时，无论是考试、面试，还是参加营地活动，我都会先用这个心锚激励他——我说上句，他回答下句，让他信心满满地去迎接挑战。

Sunny念三年级时，我发现他有很多新奇的想法，就鼓励他："只要你想做的事情不伤天害理，就大胆努力去做，爸爸妈妈都支持你。"这也是围绕当初给孩子的寄望"创新、以德为本"而展开的。

❤
心流感悟

　　恰当地使用心锚，可以给孩子埋下正能量的开关，每次开启时不知不觉便触发了孩子内心的引擎，让孩子更笃定地迎接挑战。当家长为孩子植入正能量心锚时，孩子日后的所作所为都会有边界，让家长安心。

第5章

05

做孩子成长的催化剂：**为他的梦想助力**

　　乔布斯有句名言：Stay hungry, stay foolish.我的理解是保持好奇心，保持初心，努力去探究，实现梦想。儿童天生好奇心十足，他们对世界充满探究欲，而随着年龄的增长，儿童受身边价值观、信念和学业的影响，好奇心逐步减少。作为家长，守护好孩子的好奇心非常重要。守护的方式可以"愚笨"一些，多去融入孩子的世界，多去请教孩子。

用开放式问题发问：打开孩子想象力的开关

Sunny能说词语后，我便经常用开放性问题和他互动，刺激他的联想能力。

有一次，我拿着一个矿泉水瓶问他："爸爸觉得这个瓶子有点像广州塔，你觉得像什么呢？"

Sunny说："潜艇！"

我说："噢，瓶子横着放时真的很像，还可以像什么？"

Sunny说："水泥搅拌车。"

我说："太好了，爸爸都没想到，挺像的！还能像什么？"我一边说一边模仿水泥搅拌车旋转瓶子。

Sunny说："观光电梯。"

我说："对，对，太像商场里的电梯了——你还有什么好想法？"

就这样不断地发问：当Sunny回答后，先认可，再继续发问……他的最高纪录是能说出十多种不同的物品。有时到儿童乐园，当Sunny在玩的时候，我又会发问，问他除了这样玩外，还可以怎样玩。于是，Sunny开始换不同的姿势，结果他研究出了25种不同的玩法。

我也经常找来两个类似的物品，让Sunny找出物品之间的差别。也许是经过了很多次这种类型的锻炼，Sunny的观察能力得到很大提升，经常有令我吃惊的发现。有一次，Sunny发现iPhone的时钟图标中的秒针，平常是平滑移动，当长按图标选择编辑主屏幕时，秒针会变成每秒转动一次。

平时父子俩的互动中，我经常问下面的问题：

你觉得怎样会更好？

假设你是设计师，你会怎么做？

这个问题如何解决？

更好的解决方案是怎样的？

这里用起来不舒服，我们怎么改变它？

你有什么建议？

如何优化？

听一下你的想法。

无论Sunny如何回答，我都不批判，问他这样想的原因，然后继续深挖，让思维的火花碰撞。

有一次，Sunny觉得火车经过时发出的噪声对居民区有影响。我问他如何优化。Sunny说如果把车顶改为波浪形的，行驶时就可以发出音乐声。而且每辆车的波形不一样，音乐也不相同。

有一次我带Sunny去吃寿司，发现回转带上的寿司品种很少。客人纷纷叫服务员单点，结果厨师很忙，许多单子无法完成。于是客人不断取消订单，怨声载道。我问Sunny："如何解决好呢？"Sunny说："装一个摄像头，通过拍摄寿司颜色、形状，判断是什么寿司；厨房屏幕显示外面数量不充足的寿司品种，厨师看着屏幕来补充寿司就好了。"

还有一次，Sunny说："爸爸，我发现一个痛点。"我说："说来听听。"Sunny说："有时去爷爷家，回家后发现忘记把东西给他了。如果现在能马上叫来一架无人机，把东西直接给他送过去就好了。"

还有一些超出我认知范畴的问题，我建议Sunny自己多读书，也可以上网去找答案。例如：

西藏空气稀薄，如果多种树有帮助吗？

宇宙的尽头在哪里？

世界是否真的存在，人死后世界还在吗？

有一次，Sunny在电梯间看到一则广告：买广州南站，就买××楼盘。

Sunny问："整个南站可以买下来吗？"

我："可以啊，你有什么办法呢？"

Sunny："买模型就可以了。"

总结一下，在启发孩子发问时，封闭式的发问适合快速获得答案或者缩小调查范围时使用，而开放性的发问能引导孩子发现更多的可能性。

❤ 心流感悟

　　孩子的想象力往往让我们意想不到，家长不设限，才可以放飞他们的梦想。有不少家长说自己的小孩缺乏想象力，其实不然。只要我们放下内心的评判和偏见，怀着空杯心态和孩子一起去探讨，其实孩子的脑洞大得很。

行万里路：从生活中学习，百闻不如一见

　　读万卷书，行万里路。Sunny会走路后，我决定带他好好去认识这个世界。每一个人的童年和老年都只有一次，因此每周末我都尽量安排时间陪家人。我经常给Sunny看广州电子地图，发誓把大大小小的公园都去遍。有些小的公园估计只有两三百平方米，Sunny也乐此不疲。当然，一些好玩的公园，我们去了几十遍。

　　除了公园外，我们还经常去美术馆，大概每季度去一趟。我相信美术馆陈列的都是公众认为美的东西，值得让Sunny从小接受熏陶。我并非艺术专业毕业，也没怎么去了解艺术，我带Sunny过去，除了给他讲解作品外，还经常发问——问他艺术品像什么，看到了什么。Sunny很多时候的见解，让我很吃惊。

　　除了艺术馆外，我们去得更多的地方是博物馆和科技馆。算起来，全世界的博物馆和科技馆我们去了不少于200个。每到一个城市，除了游览景观外，我必定会安排参观城市里的著名博物馆和科技馆，让Sunny增长见闻，开阔视野，同时通过科技馆里大量的互动展项去走

近科学、理解科学。

Sunny2岁时，我送了一辆托马斯火车和一堆路轨给他。从此，他对火车的热爱一发不可收拾，经常在家建立浩大的铁路工程，路轨贯穿客厅和房间。

广州近几年开通了不少新的地铁线路，Sunny对地铁充满了好奇心。因此每当有新地铁线路开通，他都一定要去乘坐体验。我经常陪他开车到三四十公里外的地方去体验几个站的地铁或轻轨。Sunny乘坐地铁时，就像广告语所说，并不在乎目的地，只在乎沿途的风光。他一边观赏经过的每一个站台，一边用手机全程录像，一边聆听广播报站，脸上洋溢着幸福的笑容——这是他的幸福专列。

有时Sunny通过导航的卫星照片，找到地铁仓库的位置。然后，我们一起开车到人烟稀少的地方去看。到仓库附近时，每过50米他都要车停一下，然后下车用相机拍个够。

广州开通六号线地铁延长线时，有一个盖印章的活动，每个站点可以盖上不同的印章。我陪着Sunny在每个站下车，然后到服务台盖

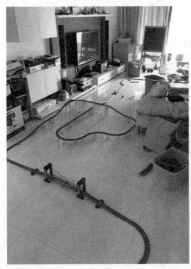

客厅里 Sunny 的铁路工程

轨道延伸到各个房间

章，再去等候下一班列车。全程历时五个多小时，绝对是体力活。幸好我们经常锻炼，所以不觉得疲惫。最后结束回家时，我们的地铁卡都严重超时，出闸后我俩补了全程费用。

无论是在深圳、上海等国内城市，还是到东京、伦敦等国外都市，Sunny总是希望把每条地铁线路坐一遍，哪怕只能坐一个站。乘坐时，他会记录每条路线列车的款式、配色、指示牌的设计。带Sunny去坐新干线时，他一上车就一轮狂拍，不放过座椅的纹理、餐桌的造型、走道的材质、窗帘的款式……活像一个小侦探。

Sunny经常到国外网站去翻阅火车资料，常常早上5点多就起床，读完英语资料，看会儿书后就开始疯狂搜索。我和太太都觉得5点多太早了，建议Sunny多睡一会儿，毕竟是长身体的时候。同时，我也很感慨：每天叫醒Sunny的不是闹钟，而是梦想。由于Sunny很自律，平常不打游戏、不看短视频，我给他买了1台电脑、3台PAD、1部手机，他都用作学习的工具来收集知识。我也完全信任他。

有了丰富的知识储备，我们2次到日本，Sunny看到新干线，随口就能说出火车的型号和时速。日本是铁路王国，铁路博物馆也超棒。我专程陪Sunny参观了日本3个最大的铁路博物馆，每个馆都花一整天时间游览。我们最早来，最晚走，每天走2万多步。在馆内，Sunny每看到一辆火车，就兴奋地给我介绍，然后迫不及待要和火车合照。Sunny用自己的相机马不停蹄地拍摄，不错过任何细节，每天居然能拍1 000多张照片。

记得我们去上海参观铁路博物馆时，馆内仅有3辆真火车，其余都是模型。而日本的铁路博物馆，一个馆就有50多辆真火车，场面震撼，让人流连忘返。Sunny对比后说，要建立一个像广州南站那么大的铁路博物馆，给中国的儿童参观。我听后，为他的愿望感到高兴。

记得在Sunny 10岁时，我们一家去了一趟英国。出发前，Sunny做了很多调研，他发现伦敦希思罗机场有无人驾驶的小车，叫POD。于是他下飞机后的第一站，就是去乘坐这种小车。当POD展示在Sunny眼前时，他激动地大喊一声："哇，POD！"我们随之上车体验。当时当地时间是晚上7点多，北京时间已经是凌晨3点多了。我们一家人都被Sunny的亢奋感染了，没感觉到一丝倦意。

爱丁堡的有轨列车也是Sunny的大爱。我清晰地记得：在我们抵达爱丁堡时，在Sunny目睹梦寐以求的有轨列车的那一刻，他用手指指着列车，开心地眯着眼睛，嘴巴久久不能合拢，整个人完全陶醉了。那一刻，我被他的心流感动了——这是狂热的热爱。

乘坐列车时，Sunny不停地给我介绍列车的黑科技，让我大开眼界。

除了火车外，Sunny也很喜欢桥梁和建筑，每座城市的著名建筑物，他都希望亲自去见一见。

我很高兴多次在Sunny作文里看他写道：学习的方式除了阅读外，还有行万里路，边走边学。

♥
心流感悟

孩子用双脚去丈量大地，亲身、近距离地去接触事物，不但拓宽了视野，收获了知识，更激发了好奇心。家长如果希望孩子减少接触电子设备，请带孩子行万里路，回归自然，拓宽孩子的视野。

如果您家也有火车迷，可以参考以下书籍：

《地铁开工了》

作者：〔日〕加古里子著，肖潇译。出版社：北京科学技术出版社

《地铁是怎样建成的》

作者：广州市地下铁路总公司编，漫友文化·动漫硅谷绘。出版社：新世纪出版社

《高速列车的秘密》

作者：〔日〕森永洋著，宗文玉译。出版社：河北教育出版社

《北京地铁站名掌故》

作者：户力平　出版社：东方出版社

《搭火车游日本》

作者：墨刻编辑部　出版社：人民邮电出版社

《搭火车自助游欧洲》

作者：墨刻编辑部　出版社：人民邮电出版社

《中国铁道风景线：探寻最美中国铁路》

作者：罗春晓　出版社：中国铁道出版社

《世界最美火车旅行》

作者：《亲历者》编辑部　出版社：中国铁道出版社

思维导图：整理思维的好工具

在Sunny读幼儿园中班后，我开始教他画思维导图。一开始是他说我画，从引导他对生活物品分类，例如家电、水果等，到虚拟的分类，例如整理每月去过的地方。

逐渐地，我让Sunny自己去画图案。慢慢地，他越来越喜欢画思维导图，每月把自己吃喝玩乐过的事情一一记录下来。每月画一张，坚持了好几年。

英国旅游景点和铁路分类整理

生活物品的分类整理

每月游玩分类整理

到后来，思维导图的内容越来越丰富，Sunny有时阅读完一本书也会画上一张非常密集的思维导图。每次旅游回来，我都建议他趁热打

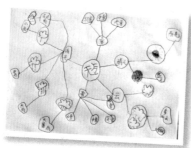

天气的分类整理

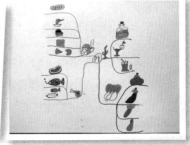

食物的分类整理

铁，把脑海中新鲜的印象用思维导图梳理出来。他会花上几个小时，兢兢业业地完成。

❤ 心流感悟

思维导图不但可以把大脑的思绪有条不紊地整理好，还可以作为读书或课堂笔记，甚至遇到困难时，它能把困难细分，让你逐一击破。有一次，Sunny帮忙把阳台的衣服收回室内，挂在客厅的晾衣架上。十几个衣架很难一次性地挂到晾衣架上。我告诉他遇到问题时，把问题分解，逐个解决。然后，他就把衣架一个个地挂上去，轻松完成。

"不务正业"是好事：守护"小科学家"的好奇心

我所说的"不务正业"，是指Sunny在日常生活中的灵光乍现。很多时候，他洗碗时洗着洗着忽然大喊一声："爸爸，我发现了，快来看！"

有时，Sunny发现把干的布放在锅里，把锅反过来放到水盆里，干布可以不湿；有时，他发现水流经压力锅的安全阀时能形成4条水流；有时，他会装一大碗的"泡泡饭"让我拍照。有一次，Sunny洗碗洗了

巨型泡泡

乐趣满满的家务活

"泡泡饭"

20多分钟还没洗完。我走近一看，原来他在用大碗做巨型泡泡，观察泡泡表面液体流动时的颜色变化。而且，他还发现将筷子放入，巨型泡泡居然不会破碎。

当然，经常这样做实验会出现诸如排水阀破损、满地湿漉漉、厨房台面遍布泡泡等状况，弄湿衣服更是司空见惯。一般我会告诉Sunny，爱做实验爸爸完全支持，只是以后用力轻一点，做完实验由他自己清理打扫。

有一次，我看Sunny吃早餐用了半个多小时，便从房间里走出来看他。我发现他在餐桌上利用小风扇制作风力悬浮实验——通过不同的杯垫组合，居然可以让最上方的小杯垫悬浮起来。

杯垫悬浮（风力悬浮）

有一回Sunny如厕近半小时，出来后突然说："爸爸，我发现马桶有痛点！"

我问："什么痛点呢？"

Sunny说："粪便会让水溅到屁股上，不舒服。"

我继续问："如何优化呢？"

Sunny答："让马桶平时不积水；冲马桶时，分两种方式喷水：下面高压去除粪便，上面普通冲水。"

这想法听起来不错。

有时，Sunny在刷牙后，喊我过去看他发现的新奥秘：无论是水龙头缓慢滴水形成了水柱，还是电动牙刷与水流碰撞时的水花四溅，抑或洗手液形成的泡泡从水盆其他位置冒出……这些都让我感受到了家里有"小科学家"的乐趣。

也许孩子的很多行为在我们成人的眼里很幼稚，可是当我们以求知若渴的态度去接触、去请教孩子时，不但能够守护孩子的好奇心，还能增加亲子关系的黏度。同时，作为爸爸，我的另一个定位是做Sunny成长的催化剂，为他的梦想助力。

有一次，我和Sunny分享什么是初心：**初心是做事怀着一颗初学者的心去做，保持好奇、专注、谦卑**。Sunny听完，说："我坐地铁时经常会想起第一次坐地铁的情景，所以每次都很兴奋。"怪不得小朋友经常重复看、玩一样东西都不会觉得厌倦。其实这很值得成年人学习。

心流感悟

创新意味着敢于犯错，敢于挑战权威。家长要容得下孩子犯错，容得下孩子挑战家长的权威。当家长也怀着好奇心去看待孩子时，便能更好地守护孩子的好奇心。

成为孩子的"供货商"：支持孩子成就梦想

苏联著名教育家苏霍姆林斯基指出，"儿童的智慧在他的手指尖上"。这与成语"心灵手巧"一样，说的是"心灵"和"手巧"这两个方面是相辅相成的：手巧才能心灵，心灵才能手更巧。

　　如今儿童的手工材料越来越简单，很多都是拼装就完成了。我认为现代与传统的加工方式都要让孩子去体验。Sunny7岁时，我采购了不少木材、手工锯和砂纸回来。当Sunny想创作各种车模、船模等时，我教他先画好图纸，然后从锯木头开始，教他如何专注地锯，打磨时先粗磨再细磨。经过一番努力得到的成品，总是让Sunny喜出望外。

Sunny 在锯木头

Sunny 在打磨船身

　　除了木材外，Sunny 也很喜欢用纸制作火车和建筑物。起初是我购买一些可折叠和粘贴成型的纸模型给Sunny。偶然地，我发现了纸模型的国外网站。从此，Sunny便沉醉于这些网站，下载了大量模型，从自己PS、改尺寸、改颜色，到后来开始制作自己的纸模型。经历这些锻炼后，我发现Sunny的几何能力大有提升，尤其是立体几何。最近，Sunny在创作自己的火车博物馆，每列火车都一丝不苟地制作。此外，Sunny在制作纸建筑物时，还特意在模型底部挖了一个洞，然后用手机的灯光为模型补光，效果甚佳。

　　记得我陪Sunny在日本观看磁悬浮列车的原理介绍时，他非常沉醉地在展位上观摩了半小时。日常在家他也搜索了很多磁悬浮列车的原理。我知道Sunny很想拥有一辆自己的磁悬浮列车模型，因此我也帮他搜索了一些自制列车的方案，在网络上买了各种零件给他。经历了4个优化版本，Sunny终于拥有了自己的磁悬浮列车。当列车悬浮起来的那一刻，Sunny尖叫着，拿着相机多个维度仔细拍摄。那一幕至今令我记忆犹新。

Sunny制作过很多船，从一开始无动力，到后面增加电机，再到后来添加无线遥控模块。每一次Sunny的新船下水，看到他在水池边手舞足蹈的样子，更深刻地理解了什么叫"得意忘形"。有时，他玩完回家，对我说："以前是爸爸买玩具，现在是自己做玩具，好好玩啊！"

在他制作的过程中，我也引用乔布斯父亲给乔布斯的叮嘱——看不到的地方也要做好。Sunny一开始不太明白，我举例说："如果只有书柜表面涂了油漆，而看不见的背板没涂，以后背板可能会被虫蛀，导致整个柜子都作废了。"

Sunny 做的纸火车

Sunny 做的纸建筑模型

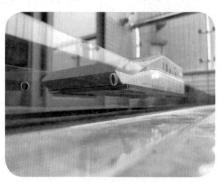
Sunny 做的磁悬浮列车模型

　　每次，我发现内部或者配件做工精致的物品，都会拿给Sunny欣赏，让他知道认真做一件事不单单是做好外表，内在也非常重要。经过几年的熏陶，Sunny在对自己制作的纸模型进行喷光油处理时，会一丝不苟地把模型内外都喷涂了。

　　我们家购置了大量的乐高积木，而且我还购买了五十川芳仁撰写的书籍，让Sunny玩乐高的同时，学习机械原理。Sunny有一次很想做一个单轨列车，由于他日常在学校寄宿，因此在去学校前，他留下了一张采购清单给我。清单以图文方式列举了每个零件的种类和数量，这使我在网上采购时一目了然。

　　Sunny7岁时，我开始教他编程，从Scratch Jr、乐高WeDo 2.0、CodeMonkey到乐高EV3一步步进阶。相比于撰写代码，我更看重培养Sunny的编程思维，乐趣为先。而且Sunny也说，能让物体动起来，他很有兴趣。由于乐高有很好的可塑性，我结合Sunny最爱的火车主题，引导他从兴趣入手，实现各种智能开关闸、火车智能控制等。有

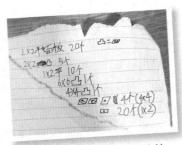

Sunny 的乐高零件采购清单

一次，我给Sunny看了特斯拉的自动驾驶，他兴趣甚浓。于是，我鼓励他用乐高EV3实现了主动刹车、保持车距、道路偏移纠正和主动叫唤等功能。每个功能实现后，他都要用相机来一番狂拍，尽情记录他的作品。

♡
心流感悟

　　从孩子的兴趣切入，支持他们成就自己的梦想。作为家长，在家庭条件允许的前提下，在孩子的不同阶段提供规划支持，为孩子的梦想捧场。其实大多数手工材料都十分廉价，而孩子的梦想是无价的。

以儿为师：闻道先乎吾，吾从而师之

不少人认为儿童就像一张白纸，全靠家长教导。我的观点是成年人由于要在社会中求生存、求发展，思想变得复杂，而且思维更容易受限。而儿童活在一个天真无邪的环境中，他们衣食无忧，因此思想更纯粹。我平时十分喜欢向Sunny请教，而且得到的答案总带给我意外之喜。

我公司之前参与举办了一个儿童登月展览，在策划阶段，我们想让孩子们体验"火箭发射"——打算采用儿童电动小火车来改装"火箭"。为了模拟发射时的震动效果，我团队和我开远程视频会议，大家提出要么在车厢里加震动马达，要么使用重低音音箱。此时Sunny走过来，对我说："爸爸，我有个简单的方法：只要在路面上方设置几条减速带，电动火车经过时就会震动了。"

那一刻，我和团队的同事们感到深深的震撼。

Sunny很喜欢到国外网站去搜索各种火车、桥梁、建筑等资料，并下载到硬盘上分类保存，也许他查阅了比较多的资料，因此见解非比寻常。我工作中有些关于儿童体验的地方，常常会请教Sunny。之前，我公司要设计一个儿童乐园，乐园里的高空有玩具缆车在移动。Sunny强烈建议一定要缆车在某个地方降低到离地1米高——这样可以让小朋友近距离地看到缆车的侧面；而且他说小朋友总是抬头看缆车，脖子会酸，建议我们将缆车尽量靠墙，而不是从人的头顶上经过……这些建议都反映出Sunny能很好地站在用户的角度去思考。

随着Sunny慢慢长大，我越来越喜欢将工作中的事情与他分享，请教他，聆听这位观点独特、内心纯洁的孩子的声音。长江后浪推前浪，Sunny做事在某些方面比我的要求更高：有好几次，他要求我公司的产品设计推倒重来。这也鞭策着我不断进步。Sunny对我请教的问题铭记于心，有时，几天后会特意告诉我他的想法，或者展示他在网上找到的参考资料，让我十分感动。

家长放下身段向孩子请教，给孩子一种平起平坐的互相尊重感，无形地培养了孩子不耻下问的意识。向孩子请教能增强孩子的成就感和自信心，更能加深孩子对家庭的归属感。

从兴趣入手：留意孩子做哪些事情特别投入

爱因斯坦说过："兴趣是最好的老师。"一个人一旦对某事物有了浓厚的兴趣，就会主动去求知、去探索、去实践，并在求知、探索、实践中产生愉快的情绪和体验。

Sunny一两岁时，我告诉他吃了胡萝卜脸蛋会红红的，吃金针菇能让手指更灵活，而吃枸杞会让眼睛更大，喝牛奶和吃鸡蛋可以让宝宝按到电梯里更高的按钮。通常，Sunny吃完会马上让我验证，问我手指动起来是不是快了，眼睛是否更大了。我都会配合夸张的表情去认同他，告诉他已经有一点点的变化，鼓励他继续吃效果会更明显。因此，Sunny不偏食。

Sunny从小就喜欢各种交通工具，特别是火车。Sunny4岁多时，我拿了一本《广州交通指南》小册子给他，里面有大量的地铁线路和各站站名，他很喜欢，经常翻阅，让岳父念给他听。没多久，我发现Sunny对这些站名已耳熟能详了。带他去坐地铁，我在导航牌上指站名，他都能念对。

Sunny5岁时，广州的海珠桥重新装修后，开放给市民步行参观。这种难得的机会我们肯定不会错过。我陪Sunny参观后，回家的路上他余兴未尽，一路上兴奋地和我聊他的所见所闻。我趁热打铁，回家后便引导他做"迷你海珠桥"。结果，他真的用托马斯路轨和配件建了一座桥，玩得不亦乐乎。当中，他还掌握了简单的力学原理。

Sunny非常喜欢桥梁，每次外出看了桥后，回家都会上网搜索桥梁的知识。他对各种斜拉桥、拱桥、悬索桥等都了如指掌。有一次，

Sunny提出想用乐高做一座悬索桥，可是发现家里没绳索。我便带他去裁缝店买棉绳。老板听了他的想法后，很兴奋，决定免费给他提供棉线。回家后，Sunny一丝不苟地把一根根棉线绑到桥面上。经历几个小时的努力，悬索桥制作

Sunny 用托马斯模仿建桥

成功。为了测试桥梁的稳固性，Sunny还特意放了半斤重的小车上去。看到桥梁屹立不倒，他的脸上洋溢着喜悦的笑容。

曾经有一位妈妈咨询我，如何引导一年级的孩子做作业。我就向Sunny请教，结果他说："从兴趣入手。如果孩子喜欢机器人，当他做数学题时，每做一道，家长就画机器人的一个部件，画着画着孩子就做完了。"

这个回答让我喜出望外：Sunny逐渐明白兴趣是最好的老师的道理了。

疫情期间，老师要求学生在家做体育锻炼。Sunny刚开始做平板支撑时，觉得一分钟很漫长。我提出在手机计时的同时，用心数数，最

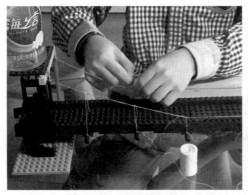

Sunny 用乐高和棉线制作的金门大桥

大桥负载测试

后对比心算时间和标准时间相差多少。Sunny很有兴致，不断尝试，逐渐把心算时间调整得与实际时间相差无几。

曾经有不少家长问我如何培养孩子的兴趣，我说**多发掘孩子的闪光点**，留意他们做哪些事情是特别投入、特别喜欢的。Sunny 8岁时，我的一位好友说他女儿没有兴趣爱好。Sunny听后，说："所有人都有兴趣爱好，例如，喜欢发呆代表喜欢休息，喜欢睡觉就是喜欢享受床的舒服。"

Sunny的这番话让我倍感欣慰。

心流感悟

请谨记"兴趣是最好的老师"这句话，兴趣能激发孩子内在的学习动力。当你苦于无法激励孩子的学习热情、无法与孩子展开话题时，请从孩子的兴趣开始。

相信"相信"的力量：让孩子行事笃定

我平时参加心理学的学习，会经常与Sunny分享信念的力量。信念可解释为事实或者必将成为的事实，对事物的判断、观点或看法，用孩子听得懂的话说就是：信念是我们相信这个事情一定能做到。

我告诉Sunny，有一次我去广州机场时，已经提早了2小时乘坐机场大巴出发——一般路程是0.5小时。结果那天遇上机场高速大堵车，我到机场时距离起飞时间只剩下25分钟，早过了安检和办理登机牌的时间。但我心想一定可以登机的。我马上去找值机经理，把身份证递过去后，眼睛盯着经理，内心不断念着："一定可以的，一定可以的……"经理查验我的身份证后，把机票给我，告诉我要10分钟内到登机口。我接过证件和机票，道谢后马上乘坐电瓶车加急通往登机口。在我通过登机口后，闸口关闭，我成了最后一位登机的乘客——奇迹发生了。

我通过这个故事告诉Sunny，人的信念很神奇，当我们无比地相信，并努力去做时，奇迹就会发生。我平时会筛选一些有意义的电影陪孩子一起看，至今看了三四十部。这些电影传递了大量的正能量，包括包容、接纳、放下、关爱、勇敢、友谊等。我记得在看完《小萝莉的猴神大叔》时，猴神大叔对善良的坚守、对宗教的虔诚、对目标的坚定，让我们父子俩感动得眼泛泪花。

有一次，我们看了一部叫《小男孩》的电影，内容也是关于信念的。影片中的男主角偶尔听到神父说起，只要怀有种子大小的信念，就能移动大山，达成愿望。凭借着这份信念，他实现了一个又一个的梦想。观影后，Sunny对信念的理解更加深刻了。

通常，我和Sunny看完电影后，会一起探讨剧情。有一次，我问Sunny是如何理解信念的，他说："相信它就会不断地想办法去实现，不相信就只会用一两个方法去做。"

言语很简单，却道出了信念的真谛：当一个人坚定地相信时，实现的方法是无穷的。

我和Sunny在生活中经常用到信念的力量。

有一次，陪他从学校回家的路上，我们聊到了水，他说："一个人不愿行动时就像一碗水，外力动一下，它就荡漾一会儿，很快又不动了；除非它自己愿意在别人的支持下不断倾斜，才能流动。"

我听后，很惊讶，告诉Sunny："爸爸很高兴听到你有这样的见解，能改变自我的人只有一个，那就是自己。"

♥
心流感悟

亲子过程中，培养孩子对目标坚信不移的想法，形成对自己有信心的思想状态，孩子自然而然地会对目标的践行付诸行动。久而久之，这份信念形成了孩子的一种能力，叫笃定。

我陪Sunny看过的心灵类电影：

电影名称	豆瓣评分
小男孩	8.3
布拉姆的异想世界（邦邦停不了）	8.2
地球上的星星	8.9
头脑特工队	8.7
小萝莉的猴神大叔	8.4
小王子	8.3
飞越老人院	7.8
查理和巧克力工厂	8.2
再见我们的幼儿园	8.8
最大的小小农场	9.4
奇迹男孩	8.6
寻梦环游记	9.1
飞屋环游记	9.0
摔跤吧！爸爸	9.0
忠犬八公的故事	9.4
少年派的奇幻漂流	9.1
放牛班的春天	9.3
热气球飞行家	7.1
国王的演讲	8.4
音乐之声	9.1
小鞋子	9.2
穿条纹睡衣的男孩	9.1
钢铁巨人	8.6
想飞的钢琴少年	8.6
火星的孩子	7.7
美丽人生	9.6

我陪Sunny看过的设计类短片：

作品名称	豆瓣评分
啊！设计	9.4

06

第6章
感受生活的乐趣：从生活点滴感悟丰富人生

　　生活是多姿多彩的，孩子应多在生活中学习，而不仅限于课堂和书本。我很赞成孩子去接触大自然，掌握各种生活技能，享受生活的美好。

发现生活中的美好：培养正面思维和多角度视野

如果环境是一样的，有些人看到了善，有些人看到了恶，这都是角度和焦点的不同导致的。当我们没法改变环境时，让自己心情好的方式，是去改变观看环境的角度和重定焦点。

我和Sunny的日常有很多这些方面的互动，我希望为他植入正面思维和多角度的视野。正面思维不是自欺欺人，而是让一个人遇事保持好心境，然后以淡定的姿态去处理事情。

从Sunny四五岁开始，我总喜欢向他发问，引导他从负面事情中发现美好。例如，台风虽然对城市造成了破坏，阻碍了人们的出行，但它也有好的方面。

我会问Sunny："请你说一下：台风有什么好处？"
Sunny想了想，说："台风让空气中少了点灰霾，更清新了。"
我说："的确是呢，现在灰霾指数是个位数。还有什么好处？"
Sunny说："可以放假。"
我哈哈大笑。

由于经常和Sunny有这种类型的互动，我发现他的正面思维发展得不错。有一次我们到一家餐厅就餐，我觉得味道一般，Sunny却说这餐厅的装修不错，菜肴的卖相好看；我们外出旅游，到酒店后，我发现房间有点小，他马上说但房间看起来很干净；带Sunny出外旅游，只要是他没见过的景物，他总报以"很漂亮啊"的赞叹。

无论是家里买新物品，还是外出游走，Sunny都要用相机认真拍摄。有时，一块在我眼里很普通的蛋糕，Sunny会因其与别的蛋糕包装不同、口味不同、形状不同而记录下来。有时陪Sunny坐渡轮，同一款船，我们明明已经坐了好多回，然而每次乘坐时，Sunny仍会因船上各种细节差异而拍摄：小到航班指引牌，大到船身广告牌……关键是他脑瓜里能记得这次的船上物品和上次的有什么区别。我慢慢留意到，

Sunny喜欢留影的原因是因为惜缘——很珍惜他每次与人、物品、景物相逢的缘分。

❤ 心流感悟

那些成人司空见惯的、不以为然的景物，在孩子眼中往往是另一番景象，因为孩子的内心比成人更加"空杯"，往往能看到成人忽视的细节和角度。

冲印照片：让美好回忆触手可及

我经常在整理资料时，翻阅到老照片，照片也许有些皱褶、有些老化，但丝毫不影响它们勾起我脑海里的回忆，让我瞬间回到过去，回想起那些美好的时光——捧在手里的感觉真好。

数字照片给人类带来了极大的方便。可是我也经历过多张尘封已久的光盘无法读取、硬盘损坏、手机故障、企业关闭云存储等事件，保存的珍贵照片荡然无存。后来，我把照片做了多种媒介同步备份，而且定期和Sunny选择一些我们觉得好的照片进行冲印，每次冲印100多张。当收到照片和相册时，由Sunny把相片分门别类存放到相册里。存放完毕，他与我坐在沙发上，津津有味地再次回味那些美好的记忆。有时，Sunny会带着相册去朋友家，分享自己的旅游经历；有时他会带相册去爷爷奶奶家，讲述其中的精彩片段；客人到家做客时，他也会热情

我们会定期冲印照片

地展示相册，滔滔不绝地讲述照片背后的故事……

有些照片冲印后，我会挂到客厅的照片墙上，有些放到回忆板上。因此，家人可以经常看到照片，回忆起一个个美好的瞬间。Sunny经常会冲印一些我不明白意义何在的照片，例如公交车站牌之类。但只要Sunny觉得重要，我都会帮他冲印出来。

有段时间，Sunny对时空很感兴趣，他问我："爸爸，如果时光倒流，我们以前拍摄的照片还在吗？"

我说："我也不知道，你说呢？"

Sunny："有和没有都有可能：如果我们控制时光机器，那照片就还在；如果我们在空间里，照片就没有了。"

💗
心流感悟

心理学强调，美好的回忆要多结合彩色、生动、立体的画面，让自己回到过去，融入画面中，感受快乐；而不愉快的经历应该是抽离的，在脑海里以黑白、扭曲、模糊、缩小的方式储存，让自己以旁观者的角度去看待。实物照片还有一个好处：家庭聚会时，照片可以方便地在彼此之间传阅，分享快乐，分享感动。

不沉迷游戏的秘诀：玩游戏还是被游戏玩

有不少家长与我交流，说他们的孩子总是沉迷于手游或者短视频。我认为，主要原因有四个。

第一，孩子的兴趣爱好太少，只能从电子设备上获得快感。现在电子竞技已成为一种体育项目，孩子喜欢打游戏也不一定是坏事。但是，在孩子童年时培养他们更多的兴趣爱好，对他们未来的成长很有帮助，毕竟人生是多姿多彩的。

第二，孩子越接触电子媒体，越习惯了靠强烈的刺激集中注意力，因而越是沉迷，越追求更大的刺激。不少游戏和短视频为了吸引用户，会采用大量强刺激的视觉和听觉效果，唤起大脑的注意力。久而久之，孩子习惯了这种类型的刺激，对于平淡的纸媒文字就提不起兴趣了。更为严重的是，长期下去，孩子长大后或许会去追求飙车甚至吸毒、赌博等强刺激体验，以满足内心需求。

第三，很多短视频的制作者并非行业专业人士，他们只是为了抢夺眼球增加视频曝光量。毕竟短视频制作领域有"黄金三秒"的说法，也就是视频前三秒一定要把用户的注意力吸引过来，否则用户就会滑走，看下一个视频。习惯观看短视频对孩子还有一个弊端：他们习惯了不思考，只是单方面接收。这对培养孩子在学习中深度思考和思辨的能力是有害的。

第四，如果孩子在12岁前经常看电视，而且缺乏家长指引的话，容易导致孩子情欲早熟。电视节目有很多为吸引眼球而十分夸张极端的剧情，可能扭曲孩子的价值观，心态过早地踏入成人的世界。

此外，家长有效的陪伴太少，也是孩子容易沉迷游戏或视频的原因。家长日常可能也总是捧着手机，形成了坏的榜样。有些孩子由于缺少父亲的陪伴，导致形成成瘾性人格。亲子教育中，身教大于言传。家长口头上说一千句"别玩手机"，都比不上家长当着孩子的面玩手机对孩子造成的影响。成瘾是指个体强烈地或不可自制地反复渴求并进行某种活动，尽管知道这样做会给自己带来各种不良后果，但仍然无法控制。心理学研究发现：成瘾性人格，大部分是因为童年时期缺少父亲的关爱，因单调的娱乐活动和兴趣爱好所导致。

因此，家长要培养孩子知道当下的能力，即知道自己现在在做什么。"玩游戏"是知道自己当下在玩；而"被游戏玩"是不知道自己现在在做什么，被游戏控制了。当下做什么，听起来很简单，但往往很多人都不知道，包括家长。平时，我会告知Sunny当下的状态：一种是行为的，例如，你正在玩乐高，你正在查资料，你正在吃饭，等等；一种是感受的，例如，我看到你现在很开心，我感受到你现在有点烦恼，我知道你很矛盾，等等。目的都是培养Sunny知道自己当下在做什么和自我的情绪是什么样的。

同时，培养孩子知道当下的能力，能使孩子明白他们在使用游戏作为一种娱乐放松的工具，而不是成为被游戏公司操控的棋子。

♥
心流感悟

孩子保持兴趣爱好，不断地在生活里找到乐趣和愉悦感，将来当他忙于工作时，能知道自己正在工作，能抽离出来问自己"我这么做的原因是什么，除了这样做以外还可以怎样做"；当他陷入某种负面情绪时，能多一份觉察，让自己尽快地从情绪的泥潭里爬出来。游戏只是娱乐工具的一种，而不是唯一的娱乐工具。

学习炒菜：和挑食说拜拜

Sunny很喜欢美食，在餐厅吃饭或者家里买了新奇的食物，第一件事就是拍照留念。有时，他发现食物内部很有特色，甚至会在咬了一半后，摆好姿势让我给他拍照。

Sunny上小学后，我就开始引导他学做菜，从洗菜、切菜到烹饪都由他处理。Sunny很享受做菜的乐趣，站在小板凳上，用小手拿着锅

Sunny 在择菜　　　　Sunny 在炒菜

铲，像玩过家家似的搅啊搅。菜烧糊了也没关系，都是体验、学习的过程。渐渐地，Sunny发现自己做的菜特别好吃，总能清盘。

经过长期的锻炼，他已经学会了煎、炒、煮、蒸等技法，能做饭、下面以及制作20多道菜肴，甚至还学会了做双皮奶，比我当年强多了。我经常和朋友们分享，让孩子爱上吃青菜、不挑食的一个方法，就是让孩子参与菜肴的制作过程。在不同的年龄，让孩子参与择菜、洗菜、炒菜。

有天晚上，Sunny做完饭后，上网学习"Hour of Code"的编程课。我不禁在朋友圈发文：先"Hour of Cook"，然后"Hour of Code"。

♥
心流感悟

做菜不但能锻炼孩子的动手能力，而且制作菜肴的过程能让孩子更有参与感，让他们对家庭产生归属感。做菜是一种生活技能，教导孩子在漫长的人生中照顾自己、爱自己。

在事情与事情之间留白：感受"少即是多"的美妙

虽然现代人工作繁忙，生活节奏快，但其实我们不需要把事情安排得太紧凑，可以在事情与事情之间留些空间出来，让自己可以放松、喘息。例如孩子放学回家，可以先让他吃点东西，喝杯水，玩一下，然后再开始做作业。做完作业，可以让他自由地玩一段时间，再开始下一个任务。我一般会对Sunny说：休息5分钟，然后再开始下一个环节。有时他觉得5分钟不够，提出需要10分钟。我会答应他，毕竟这是一个协商的过程。

有些家长会为孩子报很多兴趣班，一个紧挨着一个。家长带着孩子穿梭于不同教室，疲于奔命。其实，不妨在课程间留足够的空白，让孩子神经放松些，这样更有利于知识的吸收。换个角度：如果让家长跑完1 000米，然后马上去跳300下绳，再去游泳100米——除非是铁人三项的运动健将，否则一般人都难以胜任。

生活中，列车的车厢与车厢之间都是保留着一定空间的，不仅方便不同数量的车厢组合，还有利于列车拐弯，让列车的行驶更加灵活。人与人之间的对话也一样，沟通的目的在于获得对方的回应。如果沟通中只是一个人不断在发言，没有停顿，这不叫沟通，这是播放，像收音机似的播放。与孩子的沟通也要注意，如果只是家长口若悬河地述说，孩子就会觉得厌烦。更好的做法是在话语中留下空白，让对方回应。成人间某些时候双方话说多了，保持一段时间的缄默，也是很好的感受。

在旅行的安排方面，我也曾存在类似问题：与家人出游时，我把行程安排得非常紧凑，基本上是马不停蹄地走。后来，我尝试删减部分景点，体验一家人一起发呆的时光，享受"少即是多"的美妙。

心流感悟

忙碌并不等于高效，在生活中留白，保持一颗平静的心，反而能让我们走得更远。在亲子关系中，留白是给孩子自由的空间、发挥的余地，让孩子大脑得以休息，从而更好地面对下一个挑战。

慢生活：把更多时间和心思留给家人

现代大都市，生活节奏很快，我的工作也是高速运转。不过当我回家时，我知道我的角色要改变了，变成了丈夫和父亲，生活节奏随之变化。我对孩子采取的是慢教育，不揠苗助长，尤其在陪孩子时，慢是一种享受。有时，我和太太陪Sunny一起特意去买绿皮火车票，慢悠悠地抵达目的地。Sunny在9岁前特别喜欢坐船，我便经常陪他去乘坐各种渡轮，船票只要几块钱，在江面上慢慢地游荡。一路上他乐滋滋地看着风景，我给他讲解知识，有时我呼呼大睡，直至下船才醒。

Sunny喜欢地铁，于是我们经常坐地铁到一个总站，再折返去另一个总站。本以为体验过一两次Sunny就满足了，谁知道他兴趣盎然，几周后又想坐。广州的有轨电车，我们起码坐了10次，每次都是全线

"花心思"生活艺术馆

"花时间"生活艺术馆

来回。感觉我坐的是交通工具，而Sunny坐的是梦想座驾。疫情防控期间，不能出远门，我就陪他在小区周边行走。他静静地、慢慢地用相机记录每条街道封闭的方式，记录这百年不遇的人类健康危机。

遇上天气不好只能待在家时，我们会一起玩桌游。桌游是一种不插电、多人参与的桌面游戏，不单能锻炼孩子的思维，更是非常好的亲子同乐道具。我们家里购置了大量儿童桌游，Sunny每次不知不觉就玩了几个小时。

2021年春节，我们去参观广州的园林博览会，里面有"花时间"和"花心思"两个生活艺术馆。

我对Sunny说："爸爸花心思陪你，花时间教你。"
Sunny说："应该是爸爸花时间陪我，花心思教我。"

说完，我们父子俩微笑着互相看了一眼，内心满满的感动。

💛 心流感悟

人不是只懂工作的机器，陪同家人时可以慢下来，品味亲子同乐的滋味，享受增进感情的美好时光。亲子慢生活让一家人在生活中找到平衡，张弛有度、劳逸结合，提高了生活质量，提升了幸福感。

工作与亲子可以兼得：专注过程，莫负时光

曾经有不少朋友问我：像你这样带娃，不累吗？我回答：累分两种，一种是身体，一种是心灵。陪娃的过程中身体累是在所难免的。Sunny5岁后精力越来越旺盛，记得有一次，早上陪Sunny去爬山，下午他说要去骑车，晚上还要游泳，游泳后还要我陪着下飞行棋……而且在这个过程中，我还要负责开车。孩子上车睡觉，下车就龙精虎猛，但我一直没法休息。我调侃这是带娃的铁人三项，而这也是鞭策我每天坚持运动的原因之一。虽然身体是累的，不过内心是快乐的、享受的。感受到心累，很多时候是我们对目标过于渴求，忽略了过程。就像去爬山——一座貌似不可能登顶的山峰，如果只是盯着顶峰，一路上忘却了风景，忘却了结伴同行的人，忘却了感受呼吸，心肯定会累的。

有一次，我接Sunny放学，他的同学说："今天的作文浪费了我很多时间。"

Sunny马上纠正说："是'用'了很多时间，'浪费'代表没用心去写。"

Sunny对时间的看法是：感觉一件事浪费时间是因为渴望尽快完成任务，只看目标，因此心累；而当我们用心去做，专注于过程时，时间只是一种见证。

不少家长都说日常很忙、压力大、时间不够用，很少陪孩子，尤其是爸爸。为了家人生活得更好，家长们忙于工作，很能理解。"忙"背后的原因是认为某些事更重要。不少功成名就的老板，却为子女的教育伤透了脑筋，事业上的成功无法弥补子女教育的缺失。儿童的教育在7岁前尤为重要，如果错失有效的陪伴和教育时机，将来必要以几何倍数去偿还。倘若舍弃一些不必要的应酬，能否做到工作与亲子两者兼得呢？答案是肯定的。

从Sunny幼儿园小班开始，每天早上都是我开车送他上学。在路上

的这15分钟，是非常好的亲子时光，我和他在车内谈笑风生。晚上，我会尽量在八点半前到家，争取给孩子讲睡前故事。家长陪伴孩子可以尝试从每天或者隔天抽10分钟，放下手机，陪孩子看看书，一起玩玩具开始。只要家长觉得亲子陪伴是重要的，花费这点时间肯定不是问题。当家长坚持一两周后，逐渐尝试每次陪伴增加5~10分钟。聚沙成塔，亲子关系必定大有改善。希望父亲们尽快迈出第一步，莫负好时光。

心流感悟

偶尔我感觉到有点累时，便反思、回顾当天发生的事情里，哪些事的起心动念是以自我为中心的，没有考虑到他人，然后注意避免。

接受孩子突然的"幼稚"：童心未泯，只是想得到你更多的陪伴

孩子一天天地长大，身高也在不断变化，曾经带点婴儿肥的Sunny如今已经是一位少年。可是，这只是表面的现象。孩子的实际年龄与他的心理年龄往往是不相符的，所以家长要接纳孩子有时做出一些与年龄不相符的事情，给他们一些时间去过渡。

记得Sunny在10岁时的某个早上，对我说："爸爸，我想让你帮我穿衣服。"

我说："你是想重温一下2岁时的感觉吗？"

他微笑着说："是的。"

于是，我帮他穿了一件毛衣。他开心地说："可以了，其余的我自己穿。"

六年级时，Sunny有时会说："爸爸，你能给我讲一个睡前故事吗？"

我说："可以的。"然后，我打开手机找了一个故事给他讲。

听完故事后，他甜滋滋地和我道晚安，进入梦乡。

有时，周末我在家午睡，Sunny会跑来和我一起睡。我搂着他，讲讲过去幼小的他睡觉的情景。渐渐地，我们父子俩都进入了梦乡。

♥
心流感悟

童心未泯会出现在每个人身上。倘若家长随意冠以"幼稚"一词，拒绝了孩子，孩子内心会感受到莫名的矛盾与失落。作为家长，只需静静地陪伴和感受孩子就好了，因为这些时光会越来越少。

亲子幽默感：培养乐观与宽容的人生观

我经常会在与Sunny的互动中幽默一下，让气氛更欢快。

我们父子俩去游泳，我看时间差不多时，就模仿香港地铁广播报站："叮，下一站太和；叮，下一站粉岭；叮，下一站上水——我们要上水啦！"（上水是香港的一个地名）把Sunny逗得开心无比。

有时，Sunny在哭鼻子，我就在旁边等。我对他说："爸爸去关水龙头，怎么拧来拧去还是漏水？"Sunny听后，立即破涕为笑。

潜移默化的影响使Sunny也充满了幽默感。

Sunny读幼儿园中班时，过年前我问他："爸爸送一份新年礼物给你，你想要什么呢？"

Sunny说："落车。"（粤语"落"与"乐"同音）

我不懂，请他解释，他说意思是乐高车。

Sunny上幼儿园时，用粤语和保安打招呼。保安说："我听不懂白话。"（"白话"指粤语）

Sunny马上问："那你听得懂'黑话'吗？"Sunny的幽默逗得

周围的人哈哈大笑。

Sunny8岁时，我问他："人何时可以快乐？"

Sunny不假思索地说："随时随地。"

我再问："开心的开关在哪里呢？"

Sunny说："在每个人心里。"

Sunny11岁时，老师让学生们写出自己爸爸的4个优点，他是这样写的："幽默、耐心、经常陪我、很懂儿童教育。"我看后，感觉很暖心。

心流感悟

培养孩子以幽默的态度乐观积极地面对生活，善于与自己和解，也善于与周围的人和解，处世更宽容。一个拥有幽默感的孩子，在生活中往往能发现人或物有趣的地方，经常能会心一笑。以后遇到困难时，他们也依然能保持微笑。

小结

写"故事篇"这部分时很开心，过去这12年的亲子心路历程像放电影一样在脑海里过了一遍。

让我言犹在耳的一个心流时刻，是Sunny10岁生日前和我的对话。

Sunny用英语问我："爸爸在小时候是怎么回答'长大想成为怎样的人'的呢？'"

我说："爸爸小时候想当科学家，你呢？"

Sunny看着我的眼睛说："我想当一个好爸爸。"

我紧紧地拥抱着他，说："爸爸爱你！"

工具篇

Part Two

好脾气淡定家长修炼秘籍

在"故事篇"中，我讲述了曾经参加不少心理课程的学习经历。有一次，一位做女士手工包的好友邀请我在一个有几百人的妈妈群里语音分享亲子教育干货。妈妈们听了后，都觉得内容很好，方法很实用。可是当她们面对孩子时，负面情绪一来，发现教的那些方法都不管用了。

其实，原因在于负面情绪影响了沟通的效果。结合她们的反馈，我基于之前学习的NLP课程，筛选适合初学者的理论，加上自己的生活实战，总结出一套为家长量身定做的系统课程。通过家长们的反馈，课程经过4个版本的迭代优化成型。家长们发现，自己的情绪稳定后，育儿方法更有效了。

"工具篇"的主要内容是围绕着家长心态改变、自我情绪管理和亲子沟通方法的学习。

每个章节都有大量案例，还有200多个家长们的优秀作业和亲子生活实践，尽可能辅助家长们对理论内容的理解。学习的模式是：

学习最大的障碍，是"知道"和"做到"的距离。只要坚持进行每一章的学习和练习，7天左右就可以觉察到自己当下情绪的状态；21天左右，能明显降低发脾气的频率。不少第一次听到这话的家长会说，我都三四十岁了，脾气还能改吗？答案是可以的。这听起来也许很神奇，但人在正面思维的不断熏陶下，是可以改变自己的一些固有信念的。有趣的是，不少家长反馈：当自己心态转变了，情绪可控了，与先生、孩子和其他家人的关系变得和谐了很多。对此，我感到莫大的欣慰。

在每一节前，有"互动练习"的环节，建议认真体验，可增强学习效果。每一章节后都有配套作业，作业后面还精选了家长们的优秀作业供参考。在书的最后，我留下了21天做练习的模板。

改变思维模式：给孩子更好的原生家庭

儿童教育就像一个倒金字塔：在孩子小的时候，家长越重视，随着孩子长大，家长就会越轻松。相反，如果前期家长不重视，那么后期家长就要以比高利贷厉害无数倍的代价去偿还。在孩子成长的不同时期，家长要担任不同的角色。

0～7岁是孩子的印证期，家长需要作为孩子的玩伴，给予孩子爱和安全感，要言行一致。本书特别适合0～7岁的孩子家长学习，这个阶段是孩子成长的最重要的时期，大部分案例是这个阶段的孩子的教育。

8～13岁是孩子的模仿期，家长需要成为孩子的教练，去引导他们的行为，鼓励他们追逐自己的梦想。本阶段的孩子家长阅读本书，主要是学习调整自我心态和情绪管理，大部分的方法都普遍有效，部分方法需要结合孩子的年龄特征，做出调整。

14～21岁是孩子的社交期，这个时期家长需要作为孩子的朋友，多感同身受地与孩子平等沟通。本阶段的孩子家长也可以从本书中学习调整自我心态和情绪管理，学习做孩子的朋友。

孩子是我们的老师，当我们看到孩子身上各种各样的问题时，不妨问问自己："孩子为什么会这样呢？会不会是我的教育观念有问题？"

日常听到很多家长说自己在育儿中遇到的烦恼，不少人说孩子不听父母的话。首先，听话是好事吗？家长是否想让孩子成为机器人，家长拿着遥控器去控制呢？其次，为何孩子不愿意听父母说话呢？也许是家长沟通时有负面情绪，情绪影响了沟通的效果。而孩子对大人的状态感知是非常敏感的。

那是什么原因导致你如此情绪化？回想小时候，当你表现得很正常时，得不到父母的关心和照顾；当你歇斯底里或情绪激烈时，才会被注意、被关心。于是，父母"教"会了你用情绪控制父母。这样的习惯，当你作为孩子时不会觉察，于是以为可以靠情绪控制老师，控制同伴，长大后控制伴侣，控制孩子……你习惯了夸大自己的情绪，并深陷其中无法自拔。

因此，想达成良好的沟通效果，首先要学会调整自己的情绪。也许每个人的原生家庭多多少少都会给自己一些负面的影响，这些都不要紧。通过学习改变自我，从自己这一代开始，为孩子减少原生家庭中的负面影响。

❤ 从接纳自己开始

家长可能在某些事情上能力强，在某些事情上能力弱；有心情好的时候，也有心情不好的时候。但家长给孩子的爱没有任何东西可以替代。

一个人无法改变别人，只能改变自己，然后去影响其他人。

家长不可能永远不犯错，家长不是超人，也不是完美的人，家长是平常人。放下愧疚，相信自己过去已经做得很好了，从现在开始一切会更好。

❤ 什么是"问题"

在亲子过程中如果遇到问题，孩子没问题，家长没问题，老师也没问题，是**双方的互动产生了问题**。那么当我们说不要问题时，要的是什么呢？其实我们要的是效果。问题与效果是并存的。当人只专注于问题时，心情会不好。

❤ 开心的开关在哪里

在日常生活中，我们常常会觉得天气好，心情就好；如果天气不好，如何让心情一样好呢？孩子开心，家长就开心；如果孩子不开心，家长如何一样保持乐观呢？

心情的好与坏由谁来决定？这个开关在谁的手上？其实，开关就在自己心里。每个人都拥有让自己开心、快乐的能力。家长平常都看了不少亲子的书籍，也学了很多方法，为何一对着孩子，这些方法都不好使了呢？例如：

家长想让孩子放松下来，但如果家长快速地喊："放松！放松！都叫你放松了！"那么，孩子听到的其实是紧张的信号。

因为表达时有负面情绪，导致人的语音、语调产生变化，甚至火气上来时什么方法都忘记了，一下子崩溃了，就吼了孩子。接下来的章节，我将分享五个重要的技巧，教大家转换思维，让情绪可控。当一个人的情绪可控时，处世会更加淡定、从容。

第1节 重定焦点：欣赏他人的关键

互动练习 ─────────────────────────●

　　请观察你现在所在的场所，找出三个以上不顺眼的地方，默默记在心里。

　　第一个方法是重定焦点，把焦点放在好的地方上。**焦点在哪里，成长就在哪里。**有些人遇到问题时，会很自然地把焦点放在问题本身或者负面的方面，会问很多这样的问题：为什么我这么倒霉，怎么我总是祸不单行？重定焦点就是告诉自己：遇到问题的时候，把注意力先关注到理想的方向和目标上，先有方向，再有目标。

　　学会重定焦点是欣赏他人的关键要素。一个人的焦点放在哪里，时间和精力就会放在哪里，哪里就会得以成长进步。当家长关注孩子的好行为，这些好行为就会增多；总关注孩子的坏行为，坏行为也会增加。

　　例如，有人说自己脸上长了一颗痣，不好看，因此没自信。那么这个人的焦点是在脸上的痣。如果焦点放在身体的其他地方：雪白的肌肤，水汪汪的眼睛……那么他整个人也许就自信了。

　　当自己看到阴影时，记得背后就是光明。

　　又例如：孩子拿了考试卷给家长看，说："我考了70分。"
　　家长说："怎么才考70分，错了那么多道题！"
　　这样说，孩子和家长都不开心。因为家长的焦点在孩子当前成绩的数字上。
　　如果家长的焦点放在孩子的成长上，说："哇，比上次又进步了，看得出你做了不少努力，也有效果了。继续努力，相信你会有更大的进步！"

分享一个故事：

有位老婆婆有两个女儿，一个女儿卖伞，一个女儿卖太阳帽。每天婆婆都不开心，什么原因呢？因为婆婆每天看着天气，天气晴朗她就担心卖伞的女儿生意不好，下雨时她就担心卖太阳帽的女儿生意受影响。直到某一天，有个小伙子说："婆婆不妨想想：天气晴朗时，能促进太阳帽销售；而下雨天，正是雨伞大卖的时候呢。"从此，不管什么天气婆婆都很开心了。

从这个故事里我们能看出一个道理：一念之差，最终的结果也相差甚远。如果家长带孩子到农村玩，住在村屋里，房子条件不是很好，家长可以引导孩子将焦点放在好的地方："宝宝发现农村有哪些是我们家没有的？爸爸先说：这里有青草的香味，有很多小动物……"孩子通常也会按照家长的引导，去发现好的地方。

家长把焦点放在好的地方，就会发现世界是多么的美好。而吵架往往是因为双方都在为对方过去做得不好的地方较真。如果焦点在自己的成长上——我愿意为这件事情负什么责任，效果就不一样了。

例如，新冠疫情发生半年后，我看大部分公共场所都恢复正常营业了，便带孩子开车近一小时，去一个没去过的博物馆。到门口时，保安告知，受疫情影响，博物馆关闭。

我对儿子说："爸爸这次自以为是了，下次应该先在网上查一下，然后电话落实是否营业。"然后我们就去其他公园玩了。

关于焦点放在过去还是未来会引起的不同效果，请看下面的例子。

孩子说："妈妈，我的铅笔丢了。"

如果家长的焦点在过去，就会说："又丢铅笔了！和你说了多少遍，要好好保管自己的文具。"孩子听到的是指责，以后就会隐瞒丢失东西的事情，甚至会撒谎了，因为害怕再被家长指责。

　　如果焦点在未来，家长可以先平和地问孩子："什么原因导致铅笔不见了？"再引导孩子以后学会如何保管好铅笔。孩子得到了家长的理解，会觉得自己说出来的话家长是可以听进去的，就不会撒谎。

　　同样地，当一个人遇到不如意的事情或体验时，如果焦点停留在过去，就会陷入事件当中一直不开心。如果焦点在未来，不妨问自己：我要的是什么？我学到了什么，收获了什么？因为，**一切事情都值得学习**。

　　从Sunny小时候开始我就对他进行重定焦点的熏陶，所以当他在外地乘坐简陋的交通工具时，旅行途中在乡村小餐厅就餐时，总能发现其与众不同的亮点——他每次都是带着第一次体验的心态去发现新事物。

互动练习

　　还记得一开始做的互动练习吗？你找到了三个不顺眼的地方。现在，请再次观察你所在的场所，找出三个以上顺眼的地方。

　　是否发现自己一样可以轻松找到顺眼的地方？其实你本来就拥有发现美的慧眼。发现顺眼还是不顺眼的景物，是由自己决定的。

推荐视频：《你给孩子打几分》

扫码关注我的微信公众号，回复"心流1"观看本节推荐视频

心流感悟

　　重定焦点：遇到问题的时候，把注意力先关注到理想的目标和方向上。当感受不好的时候，把聚焦点从负面点转向正面点，从而缓解当前的不良感受，使自己不受负面环境影响。学会重定焦点就是学会欣赏他人。

✏ 作 业

孩子参加了夏令营，回来时说："我觉得一般般。"如何发问，引导孩子的焦点往好的方向去思考呢？

_____

_____

_____

📖 优秀作业

@helei：宝贝，妈妈觉得你这次参加夏令营后，更加懂事了，更加自律了。比如说，在饭后能主动帮妈妈收拾碗筷了，上学的早上也不再赖床了，你是怎么做到的呢？

@chloe："哦？一般般呐！妈妈很好奇呢，宝宝能跟妈妈分享一下夏令营都干什么了吗？"然后，再根据孩子的描述，对他感兴趣的部分进行提问。

@Sophie：引导孩子具体说说夏令营有什么，找到有趣的点。可以说"宝宝很厉害啊，即使觉得一般也坚持下来了，宝宝的自控力很好"。最好是表扬之后再找积极的地方。

@周英：是吗？但是宝宝有没有发现，你皮肤变健康了、肌肉更结实了呢？另外，宝宝再找找现在的你和去夏令营之前的你有哪些不一样的地方。比如认识了新的朋友，他们叫什么名字呢？你和他们有什么故事呢？还有没有其他有趣的事想分享给爸爸妈妈听呢？看来收获还是很多的，对吗？

@Candy tam：

1.夏令营可以认识更多的朋友。

2.孩子，你不在妈妈的身边时，能独立或者跟团队一起解决问题，你真棒！

3.你回来后皮肤的颜色好健康，太阳公公和你做朋友了。

第2节　重定意义：一件事的意义由我决定

互动练习

　　请拿起一枚一元或五角的硬币，把其中的一面定义为幸运，然后抛10次。用笔记录结果。然后继续阅读。

　　第二个方法是重定意义，意思是一个人对事情或经验赋予新的意义。世界上很多事本来就没有明确的好与坏，好与坏的判断由我们的思想决定。行为本身并没有意义，因此人类可以赋予它正面的或者负面的定义。事情已经发生、不能挽回，唯一可以改变的是对事情的看法。

　　分享一个故事：

　　三个人在工地上砌墙，有人问他们在干什么。第一个人很不满地说："我在砌墙，你没看到吗？"第二个人笑了笑，说："我们在盖一幢高楼。"第三个人笑容满面，自豪地说："我们正在建一座新城市。"

　　十年过去了，第一个人仍在砌墙，第二个人成了工程师，而第三个人，是前两个人的老板。同样的起点，不一样的终点，心态很重要。

　　还记得刚刚抛硬币的结果吗？得到了多少次幸运？硬币的另外一面你是如何定义的？题目提示其中一面代表"幸运"，那么另一面可以是"更加幸运"或者"超级幸运"吗？

　　同一件事情，赋予的意义不同，人对待事情的态度就会不同；态度不同，行为就会不一样，最后的结果肯定就会不同。态度决定行为，行为决定人生成就。绊脚石，能否说是垫脚石呢？不妨举一些例子：

　　孩子不吃饭，可以赋予的意义是挑食、不听话，也可以是懂得品味美食。

有人说，广州经常下雨，洗的衣服老是不干，真烦人。

如果这样赋予意义：广州经常下雨，那么常常可以免费洗车了，又能够减少灰霾，多好啊！

钻石本来是一块石头，商家赋予它新的定义，便成了爱情的象征物。

有一次开家长会，老师要求Sunny上台发言。我看到他战战兢兢地说话，情绪有些激动。Sunny回家后，我对他说："今天老师邀请你上台发言，表示老师很重视你。爸爸看到你有点紧张，对吗？"

Sunny点点头。

我说："爸爸小时候上台也紧张，有时半分钟都说不出话，你今天已经做得比爸爸好了。"

Sunny说："是吗？我看到那么多同学看着，我就紧张了。"

我说："在原始社会，当人看到很多野兽用眼睛盯着自己，会产生紧张的情绪，这很正常。下次试一下把这些眼睛都想象为小狗小猫的眼睛。"

Sunny很开心地说："好啊，哈哈。"

后来，Sunny再度上台发言时就从容多了。

平时，家长不妨告诉孩子他名字的正面含义和背后的期望，孩子将终身受用。例如我每过一段时间就和Sunny谈论当时为他起名的初衷，在他不同年龄会有不同的解释，让他更好地理解。

有时，我们也许难以避免老师、长辈、邻居等指出孩子的"缺点"。家长要看时机，为孩子重定意义。例如：

老师说："这孩子不爱说话，很害羞。"

家长可以说："孩子比较安静，爱思考。"

邻居说："你的孩子这么胖！"

家长可以说："孩子长得结实，冬天不怕冷呢！"

朋友说："孩子是不是有多动症，整天都没停过。"
家长可以说："孩子很活泼，他在通过各种不同的方式去学习。"

可见，**意义是人赋予的**，一件事情，可以有一个意义，也可以有多个意义；可以有不好的意义，也可以有好的意义。

Sunny念一年级时，参加期末考试前我与他重定意义：考试只是一次大练习而已。Sunny轻松应对，该玩的时候继续玩。考试后，他得到语、数、英三位老师点名表扬。

推荐视频：《泥巴》

扫码关注我的微信公
众号，回复"心流2"
观看本节推荐视频

心流感悟

重定意义：改变对事情的看法，赋予它正面的或者负面的定义，也可以给它一个或者多个意义，从中选择一个或多个对我们有利的意义就好。

作　业

有人对你说："你的孩子好固执，我说了好久他都不听。"请将"固执"重定意义。

_____

_____

📖 优秀作业

@李小猪：固执也可以理解为"能坚持，有毅力，有自己的主见"。家长需要做的是尽量让孩子在积极的方面固执。

@Hedy：我的孩子很有主见，他对事情总有自己独特的见解，不会人云亦云。

@Sunnylily：固执也可以说是孩子拥有自己的主见。在可以发表个人意见的事情上，他可以选择听取不同的声音，包括来自自己内心的声音。他能够勇敢地表达自己的意见，也是自信的一种表现。

@Cindy：是吗？我觉得她做事很认真，需要更多的实践来证实真理，是个很用功的孩子！

@冰雪：孩子能够坚持自己的信念，有自己的主意，不被外在左右，也不错，能够成器。

@小二姐：对一件事情非常地执着，有自己不同的看法和见解，有与众不同的理解，认定的事情不轻易改变，可以说非常专一和用心！

第3节　重定立场：换位思考，感同身受

第三个方法是重定立场，也就是变换角色，从我、你、他不同人的角度去思考，看问题更系统、更全面。不同的身份，有不同看法。第一个角色是我，第二个角色是你或者对方，第三个角色是他或者旁观者。我们平常说的"感同身受"指的是第二个角色。分享一个故事：

有位家长带3岁孩子去看展览。展览馆在搞活动，装修得很漂亮，人也很多。家长不断地对孩子说："你看，多漂亮的灯！"

孩子看了看，没兴趣。

家长走了一会儿，又说："哇，好大一只恐龙！"

孩子说："在哪里啊？我看不到。"

家长说："在那里啊！"

这位家长就是没考虑孩子的感受，没站在孩子的角度。在这么多成人的包围中，孩子看到的也许只是大人的屁股而已。如果站在孩子的角度去思考，家长抱起孩子，才能和孩子分享美丽的景色。又比如：

有些孩子怕蟑螂，如果站在第二个角色，即蟑螂的角度，看到人这么一个庞然大物，真正害怕的应该是蟑螂。

孩子把玩具丢得满地都是。如果站在家长的角度，就会说："快收拾好玩具。"孩子收到的是命令，可能不会做。如果站在孩子的角度，可以这样说："请收拾好玩具，不然爸爸不小心踩到，会踩坏，宝宝就没有玩具玩了。"

如果孩子说："爸爸帮我收拾。"

爸爸可以说："可以。但是如果爸爸帮忙收拾了，下次宝宝要玩的时候，可能就找不到了。"

6岁的孩子做了半个小时作业，说累，家长可以站在他的角度去

感受：孩子刚刚学写字，不容易，需要父母的陪伴和支持——成人到一个新的工作环境也渴望得到同事们的支持和帮助，何况是孩子。

再分享一个小故事：

有一只兔子坚持每天去钓鱼，从早上到晚上，可是一直没钓到。它很恼火，说："我已经把我最爱的东西给你们这些鱼了，你们却不珍惜。"可是兔子给鱼喂的是什么东西？是胡萝卜。

兔子如果能站在鱼的角度去思考问题，也许就能钓到鱼了。在亲子互动中，家长是否也像兔子一样，自认为给了对方最好的东西，可是对方却不领情呢？这样的关心和爱就像是一种绑架：我给了你，你就必须接受，不接受就是你的错。我们自认为为家人付出很多，但是他们却无法理解。

有时，家长带孩子参加朋友聚会，家长聊得好开心，孩子却老是说要走、要捣乱。家长是否考虑过此时孩子的感受呢？

生活中，我们不管是面对亲人，还是陌生人，也常常陷入这样错爱的方式之中。这样的爱渐渐变成一种负担，失去了原有的味道。最后，付出爱的人觉得不值，接受爱的人感受到压力。本应该是幸福的爱，却变成了双方都无法承担的痛苦。

推荐视频：《那是什么》

扫码关注我的微信公众号，回复"心流3"观看本节推荐视频

💙
心流感悟

重定立场：采用多角度思维，从我、你、他不同的角度看事件，拓宽我们的思维，从而找到更多选择。当我们能够跳出自己的角度，站到对方的角度，了解他人对这件事情的看法时，我们对事件的了解就更丰富，做出的决定也会更明智。

✏ **作　业**

如果看到另一半下班回家躺在沙发上，尝试站在对方角度去感受。

📖 **优秀作业**

@琴子：我会想他是不是工作太累了，或者是遇到什么不开心的事情了，不会去打扰他，让他静一静；等他起来问他肚子饿了没有，有没有什么想吃的，试探性地问一下他今天怎么了。如果他想说就继续问下去，如果不想说就不会继续追问，聊其他话题。

@小二姐：老公回家之后就躺在了沙发上，可能老公很累吧，上了一天班很辛苦。我去给他做饭、沏点儿茶吧！或者他是不是哪里不舒服？我会去问一下，关心一下。

@helei：老公最近工作很忙，天天加班，今天好不容易能按时下班，就让他轻松一下。我们一会儿出去吃饭，就当犒劳犒劳他了。

@小干：先生估计最近又是一堆应酬，回家终于可以安静一会儿了。问问他想吃什么，告诉他我先做饭，吃完饭早点休息。

@潜水鱼：胖豆豆今天一定很累了，估计上班时他就在想：快点下班吧，回到家的第一件事就是要躺在沙发上好好地眯一会儿。休息吧，亲爱的！

@李小猪：他上了一天班，东奔西跑的，太累了。或许今天工作遇到不顺心的事了，让他静静地休息一会儿吧。吃饭时或等孩子睡了再问问他是怎么回事。

@Hedy：老公今天真辛苦，肯定又是谈了一天的客户。他需要闭目养神，因为家是温柔的港湾。"宝宝，我们不要打扰爸爸，让他休息一下。"

第4节　重定因果：我的人生我做主

第四个方法是重定因果。俗话说：有因必有果。当人思考时站在因的角度——整件事因我而起，那么就能起主导作用，有能力改变结果；如果站在果的角度——整件事是由其他因导致的，例如别人、环境等，事情的结果是其他因素作用的产物，所以一切都不是"我"的错，与"我"无关。于是，"我"便成为环境、别人的受害者。

有些人迟到了，会找各种借口，例如堵车、忘记调闹钟、电梯坏了等。这就是站在果的角度去看问题。如果站在因的角度，那么下次出门就会记得早点出发，会先检查闹钟设置。可见，**站在因的角度是负责任，站在果的角度是找借口**。对于孩子，我们要引导他们多从因的角度去看问题。例如：

孩子说："爸爸，这次考试我得了满分，题目很简单，我太幸运了！"

一般的回答："做得好，继续加油。"孩子会以为这次的满分是幸运导致的结果，却不知道原因。

更好的回答："嗯，的确做得不错，我留意到你平时努力学习，自觉完成作业，所以考试你就会觉得简单，因此觉得自己很幸运。"这样可以让孩子明白这个结果是因为自己的努力产生的，幸运只是一个外部的因素。

孩子到学校后发现自己忘记带课本了。
从因的角度思考：出发前孩子应该自己检查好书包。
从果的角度思考：肯定是爸爸妈妈没帮我整理好。

在路上不小心踩到狗屎。
从因的角度思考：以后走路小心点，对自己负责。

从果的角度思考：谁家的狗主人这么没公德心，不看好狗，到处拉屎。

有些家长爱说：因为孩子不听话，所以我心情不好。如果换一种思维：孩子不听话，所以我要继续努力，学习更多的亲子知识。或者是：孩子不听话，我需要自我反省，有哪些地方可以提升。成功的人往往都是从因的角度思考，勇于对生活中的一切负责。

Sunny所在学校的教学楼有五层，他们的课室在第四层。每次走楼梯上去时，由于没有楼层标识，他经常忘记走到第几层了。

我听Sunny说完，问他："那的确不方便，你可以做点什么呢？"

Sunny说："每层能加上楼层标识就好了。"

我问："让谁知道这件事后可以办到呢？"

Sunny回答："校长！"

我说："嗯，爸爸支持你。"

上学后，Sunny就去校长室提建议了。

这就是我的实践：从小培养孩子从因的角度去思考问题，养成负责任的良好态度。

视频推荐：《Lead India-The Tree》

扫码关注我的微信公众号，回复"心流4"观看本节推荐视频

❤ 心流感悟

重定因果：整件事因我而起，我有能力去主导结果，主导未来。这是负责任的态度。

如果觉得整件事是由其他因素导致，是其他因素作用的结果，所以一切都不是我的错，与我无关，我很无助。这是逃避责任，让自己成为"受害者"。

✏ 作 业

题目1：孩子说：我得到了全勤奖。请引导孩子从因的角度去思考问题。

_____

_____

_____

_____

题目2：有人说：领导很挑剔，我工作不开心。试着换个说法：领导很挑剔，所以我要努力工作，因为我……

_____

_____

_____

_____

📖 优秀作业

☉ 题目1

@Amy晓慧：宝宝每天都按时起床，吃完早餐就去学校，很有效率，这样才能每天准时到学校。即使刮风下雨，宝宝也会克服困难坚持上学，这样做很棒。

@Cindy：宝贝，真好，我为你的努力感到骄傲，因为你每天晚上都可以把第二天早晨要带的东西整理好，并且很有计划地完成自己的目标，所以你才能得到这个奖。这与你的努力和坚持是密不可分的。加油，妈妈爱你！

@Sharon-赖：哇，你看，我们平常提前收拾好上学需要的东西并放入书包，及时完成作业，早上按时起床、刷牙、吃饭，提早一些出门，我们很努力地做好了基本的准备，这次你就得到了全勤奖。是不是觉得很棒、很有成就感呢？

@Sunnylily：能够得到全勤奖，是因为孩子改掉了赖床的习惯，能够按时起床、刷牙、洗脸、穿衣服、早读、吃早餐，而且还能坚持每一天都做到，风雨无阻，这很不容易，全勤奖是孩子付出努力收获的成果。

@Candy tam：①每天有闹钟帮忙，所以能准时起床。②孩子每天能和大人一起起床，一起刷牙、洗脸，准时出门。③孩子每天都很想去幼儿园跟同学们一起吃早餐。④孩子每天在幼儿园都能学到新的知识。⑤孩子最喜欢吃幼儿园的饭菜，总说好好吃。⑥孩子特别喜欢上幼儿园的兴趣班。因此能得全勤奖。

⊙ 题目2

@小干：领导很挑剔，我要努力工作，因为我可以努力把工作做得更好，从中得到学习和成长的机会。

@May：因为我要让自己能力更强，超出老板的预期完成工作，一方面自己能得到认可，另一方面自己也收获更多，这样对自己以后的职业生涯更有利。

@helei：领导挑剔是因为追求完美，我只有加倍努力，让自己的表现越来越达到领导的要求，让自己的工作能力更强，更加卓越。

@Hedy：因为工作所积累的经验是别人不能取代的。领导挑剔证明我们某些方面确实还不够好。努力不是向别人证明自己，而是实现自我价值。

　　@琴子：领导很挑剔说明他是一个追求完美的人，能跟他一起工作，站在长远的角度来看，对我是很有帮助的，他可以让我快速地提升，让我变得更优秀。

　　@小二姐：领导很挑剔，我要努力工作，因为我有自己的目标，我要有计划地进行，认真地完成好每一步工作，把领导的挑剔变成我的动力！我一定会达到自己的目标的，加油！

第5节　重编程序：培养正面思维

第五个方法是重编程序。重编程序的目的是为自己消除无效的惯性行为。**行为的重复产生习惯，习惯养成信念**。因此，当我们不断重复正面的行为，养成正面的思维习惯，习惯的持续逐渐形成正面的思维方式，从而在潜意识层面改变思想、改变情绪、改变行为。每个人都可以为自己心灵的软件重编程序，把自己那些无效的习惯、无效的行为消除掉。分享一个故事：

有一个老爷爷过90大寿，他精神矍铄、神采奕奕、鹤发童颜。很多年轻人都很好奇，问老人健康长寿的秘诀。老人故作神秘地眨眨眼睛，说："你们真的想知道？那我就告诉你们吧：65年前，我和太太在新婚之夜就约法三章——如果以后我们吵架，一旦证明谁理亏，理亏的人就要到院子或者街道去散步。"那婚后发生了什么呢？65年来，一直都是这个老爷爷去散步。所以身体才这么好。

很多时候，人际冲突有明确的对和错吗？没有，只不过是每个人从自己的立场、自己的角度去争一个我对你错。故事中那个智慧的老爷爷用这样的方式重塑了自己的内心，维持了一个和谐、美满的家庭，又锻炼了一副好身体。再分享一个故事：

2015年，79岁高龄的演员王德顺，在北京798艺术中心参加设计师胡社光的国际时装周发布会。T台上的他以其健硕的身材、抖擞的精神成为网络热门人物。有记者好奇地问王先生如何保持良好身材。王先生回答："其实，我并不是为了保持身材而保持身材的，完全是因为工作需要：50岁时，我要演哑剧，必须练功；60岁时，我要演'活雕塑'，必须进健身房……这完全是被逼无奈！"

从王德顺的这番话中可见：人要改变自己，什么时候开始都可以。这就是重编程序。

视频推荐：《我们在出生时潜意识是如何被编程的？》

扫码关注我的微信公
众号，回复"心流5"
观看本节推荐视频

♥ 心流感悟

　　重编程序：像电脑一样，为自己心灵的软件重新设计程序，通
过重复行为—形成习惯—重塑信念—建立新价值观，最终在潜意识
里改变思想，让情绪可控。

　　至此，我们讲完了五个改变思维模式的方法，包括**重定焦点、重
定意义、重定立场、重定因果、重编程序**，简称为5R。其中重编程序
的关键是持之以恒地练习和实践。

　　如果你想改变自己的惯性思维，让你在遇到事情时更加从容淡
定，让情绪可控，减少发脾气，从而重写大脑中的固有程序，那么我
邀请你从今天开始：每天写下三件已经发生的、不太正面的事情，通
过本章介绍的方法转化为正面的；或者记录你发现的比较正面的事
情，把正面的思考变成习惯。我把这种每天撰写三件事的重编程序过
程美其名曰**"熬鸡汤"**。

　　"熬鸡汤"的详细撰写方法请见附录一，希望成为淡定从容家长的
你从"熬鸡汤"开始。

　　题外话

　　在新闻报道中经常听到有学生因学业压力大而轻生的案例，郁郁寡
欢的学生也越来越多，有些学生还会因自己身体的不完美而失去自信。

　　因此，我利用重定焦点、重定意义、重定立场和重定因果，制定了
一套面向三到六年级学生的正面心理学公益课程。希望孩子们在今后的
人生路上，每当遇到困难或挫折时，能想起课程中的内容——也许一念

课程讲授

学生们踊跃发言

之差，就会有截然不同的结果。

讲座在广州市多所小学开展，每次面对几十到一百多名学生。通过互动的方式，让孩子们从体验中学习，力求让80%的学生有发言的机会。老师们反馈，很少看到这么多孩子踊跃举手发言。孩子们的感悟反馈，让我很感动。例如：

三年级学生黄铄晴：我学到了怎么才能让自己开心——换个角度看事情，让自己变得开心！

四年级学生廖文德：我觉得这个课程很有趣，我学会了让自己快乐的方法。最想尝试的是换位思考。这些方法将使我成为一个更加有趣、快乐的人。

广州芳和小学吴校长：曾经请过很多专家来学校开讲座，都很专业，内容很丰富，可是太学术化，学生不爱听，老师也听得费劲。而且这些专业的内容通过书本、网络都能查到，没必要现场听。但钟老师的课程能让学生们兴奋起来，在游戏中领悟到知识，效果非常好。不只是孩子，我自己和老师们也收获很大。一句话总结：深入浅出、学生明理、收获颇丰、终身受益。

5R技巧不但能改变成人固有的行为模式，如果家长学会后，还能把方法传授给孩子，从小植入正面思维，孩子的悟性和对知识的理解就会比成人更胜一筹。

第2章

提升觉察力：情绪的开关在我手

02

第1节　发现行为背后的正面动机：学会包容，增加耐心

互动练习 ——————————————————●

请观察你现在所在的场所，找出一个以上不顺眼的地方。

上一章讲述了改变思维模式。思维模式发生改变了，看问题的维度随之增加了。配合每天"熬鸡汤"练习，能提升自我觉察力，调整行为。本章会学习NLP中一个重要的核心理论，继续提升自我觉察力。

平时是否会因为孩子或伴侣做了某些行为，让你忍无可忍，进而怒火中烧呢？例如，伴侣说："怎么这么晚才回来！"这是否成为一次吵架的导火索？伴侣问这句话的内心出发点是什么呢？NLP名言：**每个行为的背后都有正面的动机**。伴侣说"怎么这么晚才回来！"其实是他想让你早点回来，他在关心你。如果我们说："嗯，我回来晚了，我明白你关心我。"这样对方的情绪也能缓和很多了。

那么，真的每个行为背后都一定有正面动机吗？例如：

打劫银行的人，正面动机是什么呢？也许是那个人想让自己的物质生活过得更好——动机良好，但行为无效。

有人开车闯红灯，正面动机是什么呢？也许是为了赶时间，赶时间的背后是为了准时上班，准时上班是为了不扣工资。

不只行为背后有正面的动机，**物体的背后都有正面功能**。刚才互动练习中，你寻找到的不顺眼的地方是什么呢？如果是窗帘布，那么窗帘布的功能是什么呢？它能为我们遮挡阳光，能给我们一个私密空间。当我们看到它背后的正面功能后，觉得它顺眼了吗？切记：**动机通常都没有错，只是行为导致的结果无效而已**。

任何行为都是为了满足潜意识的某些深层需求。那么，如何去挖掘一个人行为背后的正面动机呢？一般来说通过猜测或发问，有些简

单的事情可以通过猜测得到。例如：

有人说孩子很自私，而孩子自私背后的正面动机，也许是爱自己。

孩子爱做恶作剧，他的正面动机也许是好奇心十足。

孩子说："我不要。"其实孩子知道家长想要他做什么，但这看起来很难，或者他没兴趣、不喜欢，感觉自己完成不了。

孩子说："无聊。"背后也许是觉得你们说的话一点都不好玩，我不喜欢；或者不满又在拿我开玩笑。

孩子说："我讨厌你。"其实是他很生气，觉得很丢脸，只是不知道该怎么说、怎么做。

孩子说："我不爱妈妈了。"其实是孩子内心很不开心，脑子混乱：我不知道如何说、如何做，我需要你对我的爱和支持。

伴侣说："能不玩手机吗？"合适的回答："好的，想要我陪陪你吗？"

伴侣说："这音乐好难听。"合适的回答："哦，你想听怎样的音乐呢？"

这些例子说明，当人的价值观得到满足时，会充满满足感、协调感和亲和感。而价值观得不到满足，人们就会感到不满，觉得自我价值观被侵犯，负面情绪就产生了。每个人都会自动、自发地对事情的重要程度进行价值观重新排序。简单来说，人的困惑往往是因为：**不愿面对，不愿接受，不愿放下。**因而使自己活在过去，活在痛苦中。

对于有些正面动机比较隐藏的行为，可以通过不断发问去探究。方法是：

问对方：这样做可以为你带来什么呢？或者：这样做的目的是什么呢？又或者：什么原因要这样做呢？当对方回答后继续追问：这样做又能带来什么好处呢？

例如：

有一天早上，我开车送Sunny去幼儿园。Sunny在车上急躁地说:"爸爸,开快点!"

我问:"什么原因想让爸爸开快点呢?"("什么原因"比"为什么"更加中立,语气更温和)

Sunny回答:"我想早点到幼儿园。"

我问:"哦,早点到幼儿园会怎样呢?"

Sunny说:"我答应过老师今天要提早到的。"

我说:"嗯,Sunny是个很守承诺的孩子。"

通过连续的发问,得知Sunny想让我开快点的正面动机,是信守承诺,那么接下来的沟通就轻松达成共识了。

还有一次,Sunny要我带他去一个20公里外的地方。Sunny问我:"爸爸可以不开车吗?"

我问:"什么原因今天我们不开车呢?"

Sunny说:"我想坐公交车去。"

我问:"什么原因想坐公交车去呢?"

Sunny说:"坐公交车能经过一个站,那里能看到好多灯笼。"

原来Sunny的真正动机是想去看灯笼。

有一天,我发现Sunny用电动牙刷刷牙时,总喜欢开着水龙头,看着水哗啦啦地流。

当时我脑海里出现了两个声音:

声音一:Sunny在浪费水,快制止他。

声音二:眼见不一定为实呢。

然后我深呼吸,等Sunny刷完牙,我和他沟通。

我:"宝宝什么原因要一边刷牙一边开着水龙头呢?"

Sunny:"我在计时。"

我:"怎样计时呢?"

Sunny:"因为我不知道刷牙要刷多久,当水面到那个孔的时候,我就知道可以停止了。"

我："噢，原来这样。"
（内心独白：这让我脑洞大
开啊）

我："宝宝想确定每次
刷牙的时间，那么除了这
样去计时外，还有其他的方
法吗？"

Sunny："用闹钟，但是
我没找到。"

Sunny一边刷牙，一边开着水龙头

我："爸爸刚好有个小闹钟，我放到洗手间里给宝宝刷牙计
时，好吗？"

Sunny："好啊！"

过了一段时间，我给Sunny重新购买了一个可以定时的电动牙刷。

很多时候，家长看到孩子的"恶作剧"，容易立刻做主观判断。
多问对方"什么原因"，往往结果和我们所想的大相径庭。

通过发问去了解正面动机时，要避免使用负面词。例如，发现孩
子没去学校上课，如果问什么原因逃课，逃课是个负面词，孩子也许
就不愿意回答或者会撒谎。如果换成：听说今天你没去学校，是什么
原因呢？这样显得更加中立。

又比如：长辈带孩子一天，家长回家后听长辈说孩子很挑食。同
样地如果我们问：为什么今天挑食？孩子也许会保持沉默。如果问：宝
宝今天的午餐吃得怎样，这样孩子就愿意和我们交流了。

发现行为背后的正面动机，对于尊重孩子的梦想同样非常有效。
例如：

美国有个主持人采访一个小朋友，问道："小朋友，长大后想做
什么呢？"

小朋友说："我要当飞行员！"

主持人问："如果你驾驶着飞机飞到太平洋上空时，飞机熄火了，你会怎么办？"

小朋友想了想，说："我会先告诉飞机上的所有人绑好安全带，然后我挂上我的降落伞跳出去。"

在场的观众都笑得前仰后合，主持人接着问："什么原因要这样做呢？"

小朋友说："因为我要去拿燃料，我还会回来的。"

儿童的世界有很多成人无法理解之处，很多孩子常常因为自己"怪诞"的行为遭到家长的责骂或批评。家长们很少考虑孩子行为的背后可能有自己未曾观察到的原因，却为此苦恼不已。我也犯过这样的错误。

Sunny6岁那年的圣诞节，我带他去参加一个公益的环保义卖活动。Sunny拿着一次性纸杯装饮料，他喝完后拿着纸杯走向垃圾桶。我急忙说："别扔，杯子可以重复用的。"

Sunny说："我不会扔的，我只是倒掉一些残渣。"

我听完，觉得自己心急了。很多时候眼睛看到的未必是真相，需要我们去洞察。

Sunny刚读一年级时，有一天太太邀请他的同学和家长一起过来玩。有位女同学把画板搬到阳台，用大头水笔画画。那时是秋天，有点凉了。

女同学借助风扇想让画快干

这时，女孩打开风扇，调整为最强的风档，对着自己和画板吹。女孩的家长看到，马上提醒孩子："阳台已经很大风了，开风扇小心着凉。"女孩说："我想让画快点干。"

Sunny5岁时，某天我在开车，突然有车从我车头的右方插入。我一个急刹车，然后埋怨了一句："这人怎么这样开车！"

Sunny说："也许他赶时间。"

我听了后，马上释然了，感慨Sunny的学习能力真强。

当家长和孩子在一起时，家长要做善于观察和思考的人，不管孩子的行为看起来多么不可理喻，都要相信在他们的内心深处，隐藏着一个正面动机。当家长站在孩子的角度而不是对立面，理解和教育就会变得相对容易。

推荐视频：《妈妈眼里的奇怪生物》

扫码关注我的微信公众号，回复"心流6"观看本节推荐视频

心流感悟

掌握每个行为的背后都有正面动机这一点，不但让我们情绪稳定，更能学会包容。动机永远都没有错，只是当前行为导致的结果无效而已。

✏️ 作　业

题目1：想象一下孩子做了一件让你难以忍受的事情，你很想发飙。这时，请你深呼吸，冷静地去了解孩子行为背后的正面动机。请表达你会如何去问孩子。（提示：用"什么原因……"作为开始）

_____
_____
_____
_____

题目2：当孩子说了是原因A，但还不是最底层的原因时，请继续问，了解A背后的原因。（提示：请问做A的原因是什么呢？）

_____
_____
_____
_____

题目3：排队时有人插队，你觉得他背后的正面动机是什么？

_____
_____
_____
_____

📖 优秀作业

@婷：

题目1：一天，宝宝对着我的肚子一拳挥过来，我当时很生气，但我跟他说：你明明知道妈妈肚子里有宝宝，是什么原因让你想这样做呢？

题目2：宝宝说，我要打弟弟妹妹。在旁边的老公听了想训斥他。我连忙问：为什么要打弟弟妹妹呢？他说，妈妈你昨天不是说弟弟妹妹踢你了吗——他们踢你，我就要打他们。（原来宝贝想打妈妈的肚子是想保护妈妈）

题目3：也许他比我更加着急，急着去完成之后的事情。

@渔翁晓云：

题目1：一个多小时过去了，宝宝的作业才写了几个字。宝宝，什么原因还没有开始写作业啊！

题目2：不想做作业？宝宝，是什么原因不愿意做作业呢？

题目3：也许他赶时间，今天只请了半天的假。

✈ 实战案例

@hedy：我在看书，宝宝一直扭台灯照我的眼睛，让我很不舒服。我俩这样反复扭动台灯五六次后，我正要发火时突然想到正面动机的内容，连忙做了一个深呼吸，让自己放松下来，问："宝宝，什么原因要这么做？"宝宝说："妈妈看书！"我这才明白，原来宝宝怕我看不清书，以为用灯照我的眼睛我才能看清。其实这是一个多么善良的举动啊，孩子小，不太懂得用完整的句子表达自己的想法，所以行动先于言语。我们要学会解读孩子的行动语言，这样才不会错失幸福时刻。

@谷海凤：儿子吃完早饭，看到桌上的桃子，说："妈妈，我想吃！"我看到他拿了两个去洗，就问："怎么拿两个，你可以吃那么多吗？什么原因要洗两个呢？"他说："妈妈也吃一个。"一瞬间，我的心里暖暖的。其实，孩子对我们的爱可能远远超过了我们对他的爱。

@如瑜得水：在浴室里，我发现沐浴露用了很久，还有一大瓶。我拿起来摇晃了一下，发现上半层全部是水，稀稀的，我马上知道这是孩子所为。我忍住怒火，告诉自己不要发脾气。我走到孩子房间，问："是什么原因我的沐浴露掺入了那么多水？"孩子一脸笑容，开心地说："妈妈，这样你的沐浴露就永远用不完，就不用买了！"原来如此啊！我赞扬了孩子的想法是好的，并提醒孩子自来水不太卫生，掺入沐浴露里恐怕会滋生细菌，所以下次不要这样做了。

@sunnylily：昨晚在讲睡前故事时，孩子边听边靠着我的手背闻啊闻，这小子什么都喜欢凑鼻子去闻，我很反感他这个习惯动作。因为在讲故事，我没有出声打断他。后来，我看到自己手背上前几天不小心蹭伤的伤痕——孩子边听故事边把自己的小圆脸蛋轻轻靠在我的伤口上，原来他是在为我呵护伤口啊！幸好我刚才没有贸然出声制止他。

@林晓君：小宝在成长中也不断给我惊喜：前天出去玩的时候，同游的小女孩流鼻涕了，小宝看见后，立马从身旁的旅行袋里抽出了一张纸，然后帮那个小女孩擦鼻涕。此动作把周围的妈妈都看呆了：想不到一个三岁的小宝宝会有这么暖心的行为。我也很庆幸当时想大声呵斥他的话没说出口——那时我以为他是想玩纸巾，而且我也没看见那个小女孩在流鼻涕。此事告诉我，凡事先深呼吸，不要太着急，不能以大人之意度小孩之想，孩子真的很单纯。

第2节　建立亲和力：不吼不骂，好好说话

前面章节讲述了5R和行为背后的正面动机，我们的觉察力在逐渐提升，心态正在发生改变，同时行为也要有相应的配合，才能"道术结合"——这里的"道"代表我们的心态，而"术"是沟通技巧。沟通前首先要建立亲和力，为何要建立亲和力呢？因为人类内心最深沉的需求是期待得到充分的尊重，人与人最初的连接源于亲和感的建立。家长希望得到别人的尊重，孩子也是一样；家长希望得到公平对待，孩子也是一样。

建立亲和力有4个"S"：See（看），Smile（微笑），Shake（握手），Speak（说话）。这意味着我们与对方交谈前，先看着对方，微笑，主动握手，然后说话。

说话的时候，如果对方很斯文地说："你好。"而我们很大声地回应："你好！！！"这也会破坏亲和力。如果对方平和地说："好久不见，最近怎样？"我们却以每分钟300字的语速说："最近忙死了，上班、下班、吃饭、睡觉，没一点时间属于我自己……"这样也会破坏亲和力。

在沟通的过程中，我们可以不经意地与对方的肢体语言协调。这里说的协调并不是同步，而是在对方不觉察的情况下肢体语言与对方相仿，如左图所示。这样对方在潜意识里会觉得与他交谈的人很有亲和感。

学习了如何建立亲和力，再来了解沟通的元素。有专家研究发现，日常的

左边、右边两人的肢体语言基本保持一致

沟通中，就沟通效果而言，**内容只占7%，声音（语音语调等）占38%，而肢体语言占55%**。因此，更重要的不是我们要说的内容，而是我们表达的方法。其中声音包括语调高低、语速快慢、声音的特质和音量大小。身体语言则包括了姿势、手势、面部表情甚至呼吸。理想的双向沟通是指我们有效地表达自己的信息，而对方的回应是我们所期望的。沟通时我们要注意以下几点。

第一，有效表达自己的信息。有时，在沟通过程中，人容易受情绪影响而无法正确表达。例如：

我们约了人，可是对方到点了还没出现。于是我们打电话对对方说："你有没有搞错啊，还没来！"这样双方就容易吵架了。可以换个方式，平和地问对方："我已经到了。你到哪里了？"这样会舒服很多。因为表达出的是我做好自己了，再去关心他人。

同样地，有时在表达时漏掉了一些词语，也会导致无法正确表达。例如：

太太致电先生，急促地说："不见了！不见了！怎么办？"其实太太想表达什么不见了呢？真相是小猫不见了，而太太的表达会让先生费解：是孩子不见了，还是其他东西不见了？

沟通的效果在于对方的反馈。有时家长的唠叨，孩子其实一点都没听到。例如：

家长生气而且快速地说："回家就知道看电视！功课又不做！说了多少遍，每天都是这样，很快要考试了，你想考试不及格然后留级吗？"这样的语速和语气，其实孩子收到的信息少之又少，只感觉到家长又在唠叨了。

第二，建立和谐的沟通气氛。良好的气氛有利于增强沟通的效果。例如：

伴侣下班回家后，可以等他/她休息一下，倒杯茶，轻松地聊天。

如果的确有必要批评孩子时，可以找独立的空间，单独与孩子对话。因为当着很多人的面批评孩子，不但让孩子感到丢脸，而且如果有老人家在场很容易出现长辈袒护孩子的情况，让家长显得很被动。另外，与孩子沟通时还要注意蹲下来，保持与孩子一样的高度，建立尊重、平等的沟通环境。

第三，给别人一些空间。一个人不能控制另一个人，应该尊重对方。如果对方明确表示目前没有沟通的意向，那么就等到环境许可、对方愿意沟通时，再沟通。例如：

孩子在发脾气或者号啕大哭时，如果我们对孩子讲道理，那么基本是无效的。可以等孩子情绪稳定后，再平和沟通。

如果孩子很委屈地哭着，询问他哭泣的原因，他不说，那么家长可以说："我感受到宝宝现在有点委屈，心里有点难过，我理解你。你什么时候准备好，就和爸爸/妈妈说出原因吧，爸爸/妈妈愿意等你。"

Sunny2岁时，有时一言不合就躺在地上，要么一动不动，要么打滚，让身边的人抓狂。有一次，Sunny又躺在餐厅的地上打滚了。我深呼吸了2次，然后对Sunny说："我明白你现在心情不好，有意见想表达。在地上打滚，爸爸觉得不是一种好的方式，能换一种其他的方式吗？"

Sunny听了，继续在地上打滚。我说："好的，如果你喜欢打滚，爸爸就等你，直到你换一种方式。"

过了几分钟，Sunny站起来，哭着走到我面前，不肯说话。我对他说："我看到你换了一种方式了，不错。爸爸明白你现在很伤心，可以流眼泪，只是流眼泪解决不了问题。请告诉爸爸：你不开心的原因是什么？"

这时Sunny说:"我刚才想去鱼缸那里看鱼。"

我说:"很好,你能把心中的想法表达出来。爸爸刚才不知道你有这样的想法,你不说爸爸肯定是不知道的——那以后要怎么做好呢?"

Sunny说:"说出来。"

然后Sunny破涕为笑,拉着我向餐厅鱼缸的方向走去。

当Sunny出现负面情绪、沉默寡言时,我会用家里的猫头鹰手偶或者用手指扮演乌龟,一边晃动,一边换一种腔调模仿动物的声音问他:"猫头鹰看到Sunny有点不开心,能告诉我原因吗?"往往Sunny会对这个"小动物"打开话匣子。

Sunny小学三年级后,有时他心情不好,实在不想说话时,我会告诉他:"现在不想说话,没关系,爸爸15分钟后再来找你。"或者说"当你觉得心情好些时,爸爸再和你沟通"。

一般过一会儿后Sunny都能对我讲述刚才情绪不佳的原因。

第四,要学会倾听。上帝给我们两只眼睛,两只耳朵,一个嘴巴,暗示我们要多看,多听,少说话。倾听需要全身心地去听,不打断对方,眼睛观察对方各种细致的动作和表情变化。因为嘴巴可以说很多话,而语气语调和肢体语言真实地展现了对方的内心世界。如果对方不愿意表达,也可以通过观察去留意对方肢体和表情的变化。

同样的一句话,用不同的语调,效果完全不一样。例如:

当孩子很紧张,我们想让他放松时,如果我们说:

放松!(吼的方式)

放松,放松,放松!(紧迫)

请放松。(平和)

三种效果截然不同。

同样地,如果我们问孩子今晚去看电影好吗?孩子说:

好啊！（兴奋）

哦，好——啊。（不想去）

好……嗯。（有点担心）

第一个回答表明孩子很兴奋，第二个回答则代表着不情愿，第三个回答背后是有些担心和顾虑。

某一天，我开着车，载着Sunny从商场停车场驶出。闸口处的提示音显得很生硬。Sunny说："将来如果停车场的收费口用机器人，希望机器人说话的语速能和司机类似：司机说得快，机器人也说得快；司机慢慢说，机器人的语速也减慢。而且最好能保持一样的音调和音量。"我听了，甚为惊讶——这是很好的亲和力建立，应该应用于今后的人工智能上。

我们还要注意在倾听的过程中保持中立，因为对方的言语背后有他们的价值观和信念。努力去发现其行为背后的正面动机，不把自我的看法强加于对方，更不要打断对方。

有了沟通的准备，接下来该做出回应。

第一，倾听过程中，要看着对方，时而点头，说：嗯，好的，继续，等等，让对方知道我们一直在听。有时我们在忙，如果孩子叫我们过去，该怎么回应？例如：

妈妈在炒菜，孩子叫妈妈："妈妈过来。"

妈妈说："我在炒菜。"

孩子开始不开心，大声说："妈妈过来！"

妈妈也不耐烦了，说："都说我在炒菜了！"

孩子开始发脾气，场面失控。

更好的做法是，孩子叫妈妈时，妈妈说："收到！妈妈炒完菜马上过来。"

这样，孩子就感觉舒服多了。

第二，学会复述，重复对方刚才说话中的重要文字，加上开场词语，如"你是说……""刚才你说……"。例如：

有一次，Sunny对我说了许多电视上看到的国庆节阅兵的新闻。我说："你是说国庆有阅兵看吗？"这样让他觉得我很在乎他的感受，而且能听得懂他说的话，更可以减少对对方话语的误解。

例如，孩子说："我学不会溜冰。"
家长说："你是说你学溜冰暂时还不够好吗？"
这里把孩子说的"不会"做了重新定义——只是暂时学得不够好，暗示他以后可以学好。

这种沟通方式能给自己更多时间去构思如何更好地回答。

第三，学会感性回应，把对方的话加上自己的感受表达出来。例如：

孩子说："天气好热，我要开空调。"
家长说："好啊，今天热，开空调很舒服。"

孩子说："妈妈，我发现阳台有一只蜗牛，很漂亮。妈妈和我去看看。"
妈妈说："哇！有蜗牛啊，肯定好可爱！好，我们一起去看看。"这样，孩子更加兴致勃勃。

第四，尝试用假借的方式去表达，把对方的话描述成另外一个人的故事。例如：

当我看到Sunny在玩水时，我说："刚才看到一个小朋友在玩水，告诉爸爸：这个小朋友在玩些什么呢？"

有时，我想让Sunny过来吃饭，我会幽默地说："饭桌上的饺子说，等那个小朋友好久了，一直没看到他，能帮我去叫小朋友过来吗？"

Sunny也会笑笑，说："可以啊。"

然后，他就走过去了。

这种表达会让对方觉得很轻松，更容易接受家长的话。

第五，学会跟对方的言论——先附和对方的观点，之后将其带领到我们预想的方向。例如：

孩子说："爸爸，我做完作业了，不过我现在不想看电视。"

那么，这里我们可以有以下几种方式去跟孩子的话：

跟孩子的前半句，相同的部分是我们共同认可的部分，可以说："爸爸听到宝宝做完作业了，接下来你打算做什么呢？"

或者，跟孩子的后半句，即存在看法分歧的部分，可以说："收到，宝宝今天什么原因不想看电视呢？"

还可以跟孩子整句话全部的信息，说："宝宝做完作业啦，爸爸也觉得看电视不好，那你觉得做什么好呢？"

第六，通过隐喻，借用不同的角色去暗示对方要表达的东西。例如：

孩子说："爸爸，我不想潜水，鼻子呛水很难受。"

我说："小青蛙小时候一开始也不会潜水，它也呛过水，后来它坚持，就学会了。"

又例如，孩子说："爸爸，我不想刷牙。"

我说："好啊，我告诉宝宝嘴里的细菌，它们最开心了——今晚可以钻个隧道了，以后吃饭时就能把更多的饭菜放进里面。"

这些都是让对方潜意识得到提示，从而更好地理解我们的话语。

推荐视频：《好好说》系列广告

扫码关注我的微信公
众号，回复"心流7"
观看本节推荐视频

心流感悟

　　沟通前首先要建立亲和力，因为人类内心最深沉的需求是期待
得到充分的尊重。沟通中的比重从高到底是：肢体语言、声音（语
音语调等）、内容，因此表达的方式比表达内容更重要。

作　业

　　孩子说：我看到一辆大巴车有20个轮子，上面还画着大象、长颈
鹿、熊猫，还有一棵椰子树。

　　题目1：请复述重要词，并以"爸爸/妈妈刚才听到你说"作为开始：

_____

_____

_____

　　题目2：请用感性回应，把对方的话加上自己的感受表达出来：

_____

_____

　　题目3：请用假借的方式表达，把对方的话描述成另外一个人的

故事：

_____

_____

_____

　　有人说：现在食品安全令人忧心，我不会在路边的烧烤店买东西吃。

　　题目4：尝试去跟大家皆认同的部分，回答：

_____

_____

_____

　　题目5：尝试去跟观点不同的部分，了解对方想要表达什么效果，回答：

_____

_____

_____

　　题目6：尝试跟对方全部信息，用自己的话表达，回答：

_____

_____

_____

　　题目7：假设现在你在洗澡，家里只有你和孩子，这时孩子对你说："爸爸/妈妈快过来看，电视上在播大黄鸭。"请问你如何回答呢?

_____

_____

_____

📖 优秀作业

@Caroline：

题目1：妈妈刚才听到你说你看见一辆大巴车有20个轮子啊！

题目2：你是说那辆大巴车有20个轮子吗？太酷了，那它一定跑得又快又稳！

题目3：哇！我刚刚听到有小朋友说看见了一辆有20个轮子的大巴车，它还跟我们打招呼，说："滴滴，你好啊！我正拉着小动物们去旅行，你要不要一起啊？哈哈哈哈。"

题目4：是哦。路边的烧烤食物来源没有保证，那你一般去哪里吃呢？

题目5：现在食品安全让人担忧，你有没有靠谱店家推荐？

题目6：是呢，现在食品安全真是大问题，前段时间还有新闻报道路边烧烤的肉不新鲜，你有没有靠谱餐馆推荐啊？

题目7：大黄鸭呀！哪个台？我也要看。妈妈尽快洗好出来一起看。

@舒庭：

题目1：妈妈刚才听到你说看到一辆画着大象、长颈鹿、椰子树的大巴车，这大巴车还有20个轮子。

题目2：哇，这真是太有趣了，一辆有着20个轮子的大巴车！这车上还有那么多可爱动物——大象、长颈鹿、熊猫和一棵椰子树。太神奇啦，真想和你一起去看看！

题目3：刚才一只小老虎告诉我，它看到了一辆非常漂亮的大巴车，这辆车有20个轮子，上面还画着好多可爱的小动物，有大象、长颈鹿、熊猫，还有一棵椰子树。小老虎对我说，有个小朋友和他一样，也看到了这辆可爱的大巴车。

题目4：食品安全确实很重要，那我们选择什么地方吃饭相对安全、干净呢？

题目5：收到，那我们去哪里吃烧烤比较好呢？

题目6：嗯，听到你对食品安全的担忧，我也觉得在路边吃烧烤不太卫生，那么你觉得去哪里吃好呢？

题目7：是大黄鸭呀，妈妈知道它是你的最爱，好棒！妈妈现在在洗澡，没法陪你，你可以一个人先看一会儿。我快点洗，然后陪你一起看。

实战案例

@Ying：宝宝手拿汽车从衣服上开过去，衣服掉在了地上。妈妈说："宝宝捡起来！"宝宝不为所动。妈妈又说："哇，宝宝，地上有衣服需要救援，汽车人变形！"果然有效。

@hedy：早晨起床，佑宝邀请我和他一起搭积木。桌子上的汤已经凉了，他也不让我去喝。我说，"佑宝，碗里的汤在喊妈妈呢！妈妈的肚子饿了，它说它可以帮助我填饱肚子。"佑宝就让我先去喝汤了。

@Ying：游泳时，宝宝不肯自己游，游在前方的爸爸说："大黄蜂，我的能量块没有了，请求帮助！"宝宝马上说："好的，擎天柱，我马上就来！"

@啊！张小喵：儿子不好好吃饭，不爱吃的韭菜就挑出来。看不得浪费的外公觉得很生气。我尝试不生气，告诉儿子："肚子里的小精灵需要这些韭菜当动力才能好好工作。"儿子就尝试吃了几根。

@kee： 女儿说："妈妈，我只想吃白饭，不想吃菜和肉。"我问："为什么呢？"女儿回答："吃米饭已经够了。"我心里立刻蹦出一句：又来了。虽然又得想办法哄她，不过，想想这其实是挺温馨的亲子时间，也就释怀了。我说："这样啊，那你身体里的健康兵团怎么办呢？只有米粒小小兵，肉肉大将军和菜菜女王都不在，病菌大王会让你生病的。"女儿得意地说："我才不怕病菌大王，因为我会送好多将军和女王去消灭它的。"我说："噢，我觉得这主意不错，你怎么想到的呢？"女儿笑着夹起一大块肉片，对我说："妈妈，你看看我。"说完，她将肉送进了嘴里。

03

第3章

隐形的力量：让孩子心甘情愿去行动的秘诀

第1节　信念：言者无心，潜意识有意

俗话说："言者无心，听者有意。"人类的大脑非常复杂，就像一座冰山，我们清楚地知道自己在做的事，是冰山露在水面上的部分，是我们五官能直接收到的来自他人和环境的信息，是我们的意识。

我太太怀孕时，手机铃声设置的是麦兜的一句经典粤语对白："从前有个小朋友很滑，后来他长大，吃了烧肉切鸡饭，猴海啊（粤语，意思是很粗啊）！"怀胎十月，铃声一直没换过，播放了无数次。孩子出生一个月后，某天晚上，Sunny特别开心，稚嫩的笑声很能打动人。我打开手机为他录音，突然他说了一句非常清晰的"猴海啊"。那一刻，我惊呆了：才一个月的婴儿可以发出如此标准的粤语发音，而且咬字清晰。这让我更加认识到胎教的作用很大。

我们知道自己现在在学习，看到孩子在读书，品尝到餐馆的菜肴很美味等，这些显性部分只是外在行为的呈现；而隐藏的隐性部分包含情绪、感受、期待、渴望等，其实在我们的生活中占得更多。只是我们日常容易只关注显性部分，而忽略了隐性部分。

Sunny7岁时问我："为什么有时潜意识做得对的事，而意识却会做错？例如系红领巾，不看着它时系得很顺利，看着它有时反而会系错？"

我一时也答不上，想了一会儿，回答："潜意识做事很干净、无干扰。而意识做事时会受到外界干扰。例如，眼睛返回信号给大脑后，大脑再分析究竟红领巾应该向右绕还是向左绕，所以速度慢了，而且容易出错。"

潜意识隐性部分有三个关键的概念：信念、价值观和规条。打个比方：

信念就是开车时把握的方向盘，决定了我们前进的方向。

价值观是我们要去的目的地，以及为什么去这个目的地。

规条是开车的步骤，如系安全带、打火、挂挡、踩油门等。

信念是一个人对人或事物的观点和看法，是对事情的相信，或者认为事情应该是怎样的，属于一种主观的判断。比如，我们开车从A点到B点，我们会有一个判断：走哪个方向、走哪条路才是正确的。

那是什么原因让我们相信走这条路是对的呢？信念是怎么形成的呢？我们的信念又是怎么学习的呢？

信念形成的原因之一：来自自己的学习。例如：

小孩子在很小的时候掉进水里呛过水，所以知道水可能会淹死人。

小的时候被火烧过手指头，知道火烧会疼痛。

开车时走到了死胡同，下次就知道此路不通。

信念形成的原因之二：通过观察别人的行为得到。例如：

一个人在小的时候，看到班上其他同学因为调皮被老师惩罚，从而学到了上课不可以调皮捣蛋，不然就可能会被"修理"。

孩子看到父母去医院照顾长辈，便学会了亲人生病要去照顾。

我们坐在副驾驶的位置，发现司机开车开着开着走到了死胡同，下次也会知道此路不通。

信念形成的原因之三：从重要人物（比如从父母、老师、长辈们）的灌输中得到。例如：

如果家长总是说："男人靠不住啊！"那么孩子听了就会学习到男人信不过，长大后结交男性朋友时就特别地不信任对方，总是怀疑和猜测。

如果孩子从小听父母说："男人最重要的是要有上进心、有野心。"如果被家里的男孩子听到了，这个孩子长大后有可能成为"工作狂"。如果女儿听到了，则有可能会找一个"工作狂"男人恋爱。

如果妈妈告诉孩子那条路是死胡同，爸爸也说是，爷爷也说是，那么孩子就会相信那条路是死胡同了。哪怕后来那条路打通了，只要孩子不知道这个消息，就会一直认为那条路是死胡同。

但命运把握在自己手里，而不是别人的口里。

Sunny小的时候比较孤僻，在幼儿园经常一个人玩，到其他地方也是这样。不少人说这孩子是否有自闭症。作为爸爸，我不断给Sunny树立一个信念：爸爸相信你是正常的，你只是暂时不适应现在的环境，一步步来，爸爸相信你一定可以的。我相信每个人都是不一样的，每个人都有自己的闪光点。当我不断接纳、鼓励、信任他后，他不断进步，现在越来越开朗、自信了。

信念形成的原因之四：通过自己的思考获得。例如：

假设我们走进了两栋楼群之间，发现是死胡同，学习了一次；下次又走进了另外两栋楼群之间，发现又是死胡同；再下次在农村走路，走进两排房子之间，发现也是死胡同……从此学会了：以后走路不要走两排房子之间的路，因为都是死胡同。

推荐视频：《印痕》

 扫码关注我的微信公众号，回复"心流8"观看本节推荐视频

❤
心流感悟

信念是"事情应该是这样的"的主观判断。谨记"命运把握在自己手里，而不是别人的口里"。不要让他人随意的一句话阻碍了孩子的发展前途。

✏ **作 业**

如果你听到长辈说：这孩子好胆小，为了避免形成信念上的烙印，请问事后你如何通过5R或正面动机，为孩子重新定义？

_____

_____

_____

📖 **优秀作业**

@Sharon-赖：这说明孩子比较谨慎，更有安全感，知道怎么保护自己。

@kee：我首先会对孩子表达不认同长辈的这个看法；然后告诉孩子，"有一次路上突然刮起大风，你冲到妈妈的前面张开双臂，很大声地说'妈妈，快躲我后面，风很大，我保护你'——一个会保护家人的孩子，内心必定有着很强大的勇气，是非常勇敢的孩子。"

@心界：孩子胆小，但不代表怕事、懦弱，说明孩子做事谨慎，思考问题细腻。在以后的生活中，孩子能认真、努力做好每一步的计划，出色地完成任务。

@谷海凤：说明孩子遇事善于观察，心思细腻，能够冷静地处理问题。

✈ 实战案例

@hedy： 佑宝2岁10个月，说话有点小结巴。但是每当别人这么说时，我会很严肃地告诉他："是因为他的思维先于语言！"也会很平和地告诉儿子"慢点说，不着急，你慢点说别人更能听明白你的话"。

@如瑜得水： 女儿因为剪了头发而不开心，从学校回来后说爸爸撒谎：她的同学圆圆根本没有剪头发，爸爸却骗她说圆圆也剪了头发。我说：爸爸是瞎说了，这不对，不过你有没有想过为什么爸爸要骗你？她一脸不解，我说那是因为爸爸不想让你难过，他看见你为了剪头发而大哭，他很心疼。我说完，女儿好像立即感受到了父爱，就不做声了。

第2节　思想病毒：摧毁孩子一生的无形杀手

孩子在成长的过程中，家长要注意三大思想病毒，它们是无望、无助、无价值。我用三个著名的科学实验来说明。

♥　第一个实验：无望

研究动物行为学的科学家做了一个实验：他们把狼狗关在一个铁笼子里，栏杆高1.8米。科学家让狼狗吃得饱饱的，然后电击它们。正常情况下，这些狼狗可以跃起1.8米高。因此，当这些狼狗被电击的时候，它们很容易地跳出了笼子。

接下来，科学家们又做了第二个实验。这一次，他们让这些狼狗先饿个两三天，然后再去电击它们。狼狗在既饥饿又被电击的情况下，反而跳得更高了。这次，它们居然可以跳过2米高的笼子。

科学家们又做了第三次实验。他们把这些狼狗喂得饱饱的，然后把笼子的高度调到了2.8米。科学家们仍然去电击狼狗，它们拼命地往笼子外跳，无奈笼子实在太高了，无论它们如何努力，都跳不出来。尽管这样，它们还是努力地往上跳，直到实在跳不动，筋疲力尽，躺在笼子里发出可怜的呜呜声。

实验还没有结束。科学家们又连续做了好几次同样的实验，每次狼狗们都以失败而告终，跳不过2.8米高的笼子。这样的实验做到第八次，这时狼狗再遭受电击的时候，只会发出呜呜的叫声，已经不再跳了。

接下来，科学家们把笼子的高度降回了1.8米，继续电击这些狼狗。而这些狼狗除了会继续发出呜呜的哀叫外，根本不愿意再去尝试跳出笼子了。

科学家们通过这个实验，从狼狗身上得到了什么结论呢？那就是无望。当这些狼狗无论如何努力，都跳不出笼子的时候，它们就再也不抱希望了。于是，它们对简单的事情也不再去尝试了。

无望就是凡事受阻碍，拒绝行动。在亲子教育中，孩子如果逐渐接受了"我没有能力和希望"的信念，长大后强烈的无望就会形成抑郁。当一个孩子在成长的过程中不断地被否定、被打击，就会逐渐形成无望。

那么，在无望形成之前该如何做呢？作为家长，我们要少说"不"，少否定对方的思想或行为，改为**给予孩子有条件的允许**。例如：

孩子说："爸爸，我做好作业了，可以玩一下你的手机吗？"

我们知道孩子常玩手机对眼睛有伤害，在不否定的情况下，家长可以说："宝宝自觉做完作业了，真棒！宝宝觉得爸爸的手机有很多动画片，很好看，对吗？"

宝宝点头。

家长说："看手机久了，以后就要戴眼镜，没那么漂亮哦。"

孩子说："嗯。"

家长继续说："那你想玩5分钟，还是10分钟？"

孩子选择后，家长说："爸爸相信宝宝是一个很守承诺的孩子，如果能说到做到，下次爸爸还可以继续给你玩，你说好吗？"

孩子说："好。"

又如，孩子把画画到餐桌上。家长说："宝宝画的画颜色很丰富。请告诉爸爸：那个是什么呢？"

孩子说："是飞机。"

家长："哦，你不说爸爸还真不知道呢。爸爸给你一些画纸，你可以画在画纸上，以后我们挂出来，好吗？"

这样说，既尊重了孩子画画的欲望，又引导了孩子以后的改进方向。再举个例子：

睡觉前，孩子说："我有点饿了，想吃东西。"

家长说："可以，吃完要怎么办？"

孩子说："刷牙。"

再如，下周一是期末考试，孩子问："爸爸，周末可以带我去玩吗？"

我说："可以。你觉得去玩之前要做好哪些准备？"

孩子说："我会复习好的。"

我说："嗯，我相信你。你准备好，我们周末随时出发。"

Sunny不到2岁时，因为他身体发育需要锻炼手臂的小肌肉，总喜欢摔东西，从玩具到球，甚至椅子。一些质量一般的玩具摔一两次就支离破碎了。我允许Sunny有条件地摔东西，同时找了一个篮子，让他把物品扔到篮子里。他玩得津津有味。

这个年龄段的Sunny开始出现与大人对着干的现象：大人说东，他就往西；大人说指令，他就在前面加一个"不"字。例如，大人说"吃饭喽"，他就说"不吃饭了"；我们说好吃，他就说难吃，说完哈哈大笑。我想孩子这种练习反义词的方式还挺不错的。虽然长辈觉得孩子老是唱反调，不过我没有制止孩子的行为。

作为家长，要留意自己是否对孩子有过高的期望值或者要求，是否存在不断地追求孩子考到高分，追求名次，追求攀比等情况。如果孩子不断努力，却总是满足不了家长的要求时，孩子就会逐渐形成无望，从而产生厌学、考试焦虑等情绪。

♥ 第二个实验：无助

在一家养老院里，科学家做了一个实验。他们把这里的老人们分成了两组，但老人们自己并不知道。他们给第一组的老人每人一盆花草，并且告诉他们可以用自己的方式来照顾这些花草。

接下来，他们给第二组的老人们也每人发了一盆花草，不过，科学家们告诉这一组的老人们，这些花草虽然归他们所有，但是他们不能给植物浇水、施肥和修剪，只能由养老院里的工作人员来完成这些工作。

第一组的老人们，看到花草叶子黄了，就会去修剪，并给它们施肥。这些花草长得很好，老人们也很开心，健康状况也越来越好。另一组的情况是，科学家们吩咐养老院的工作人员故意给花草多浇水，或者完全不浇水，叶子黄了也故意不修剪。老人们看到花草一天一天变得枯黄，慢慢地凋谢，自己却无能为力。

半年后，科学家对两组老人进行了对比：第一组老人们的身体健康状况要比第二组好很多，第二组老人的死亡率是第一组的三倍。

这个故事中，第二组的老人们获到了一些什么呢？是无助的"病毒"。意思是当一个人虽然有能力，可是无法通过自身努力去改善，感觉自己有问题，形成自责：别人行，我不行，无论我怎么做都是没用的——这就是无助。

因此，亲子关系中要留意，如果孩子不断被溺爱，明明自己有能力，却什么事都由家长代劳，孩子会感到无能为力，到后来连愿意改变的想法都没了。例如：

孩子会穿衣服，家长偏要帮；

孩子会吃饭，家长偏要喂；

孩子想出去玩，家长不准；

孩子想做家务，家长说让阿姨做；

家长不允许孩子做自己喜欢的事情；

选课外班时，孩子想学习航模，家长说"航模升学不能加分，选作文吧，我都是为你好"。

慢慢地，孩子一天天地消沉，变得沉默寡言。再举一个例子：

有位男士，小时候在父母的百般照顾下长大。他在家里基本没发言权，哪怕父母咨询他的意见时都是假惺惺的。他小的时候父母问他喜欢围棋还是奥数。他说围棋，父母却说围棋以后自学都可以，奥数能提升数学成绩呢，选奥数吧。家里要买新家具，家长问他买红木沙发还是皮沙发好呢？他说皮沙发不错。父母说，傻孩子，皮沙发不耐用，红木沙发可以用几十年，买红木的吧。渐渐地，他觉得他表达的意见总是被推翻，以后连发表意见的欲望都没了。因此他长大后对任何事情都提不起兴趣，也不喜欢做决策。

在无助的环境下长大的孩子，在学校里会觉得别人可以当班长，我不行；在公司里明明自己有能力，却感到无法承担上司交给的任务。

无助病毒的威力强劲，家长表面上把孩子照顾得无微不至，殊不知却伤害了孩子。因此在家长与孩子的互动过程中，多给予孩子机会，让他们多尝试力所能及的事情，**在不违反法律和道德且保证安全的情况下多让孩子去体验**。要让孩子觉得他是有主导权去决定未来的，**相信“相信”的力量**。

有一次我去买鞋，让Sunny帮我挑。回家路上，他很兴奋地说：“今天我帮爸爸挑了鞋。”孩子觉得自己被尊重，是个有能力的人。

第三个实验：无价值

有一位妈妈，带着3岁的女儿逛街，当她们走过一个玩具店的时候，女儿看到了一个很漂亮的小娃娃。于是，女儿对妈妈说：“妈妈，我要买那个小娃娃。”妈妈不想给女儿买，就说：“乖乖，那个玩具太贵了，妈妈没有那么多钱。今天不买了，我们下次再买，好不好？”女儿虽然不情愿，不过还是噘着小嘴跟着妈妈走了。接下来，妈妈带着女儿来到了一家时装店。妈妈一眼就看中了一件漂亮的衣服，很快就给自己买下来了，带着女儿朝家的方向走了。

在这个过程中孩子学到了什么呢？孩子会觉得妈妈说没钱，没有给自己买玩具，却给她自己买了，这表示妈妈比自己重要，自己没那么重要，从而产生**我是没有价值的，我没资格去拥有——这就是无价值**。

回家的路上，女儿想和妈妈聊天。妈妈说很累，要休息一会儿。这时妈妈的电话突然响了，妈妈和朋友聊了半个小时，开心不已。这让孩子再次感受到自己是没价值的。回家后，孩子想让爸爸陪她玩。爸爸说没空，让孩子自己去玩。几分钟后，孩子再次去找爸爸，发现爸爸在打游戏。孩子又感受到游戏比自己重要，自己是无价值的。

亲子关系中还要注意家庭成员对孩子的教育要保持一致，否则孩子就会形成混乱。例如：

妈妈平常说孩子乖，但她打电话和朋友聊天时却说孩子很调皮。

妈妈说没空陪孩子玩，自己却在玩手机。

有一位女士，因为小时候妈妈说妹妹穿裙子比她好看，她就记在心里，一直不敢穿裙子，因为她觉得自己配不上裙子，没资格去拥有。直到这位女士工作后，经过心理治疗师的辅导，才放下了妈妈当时这段话的影响，重新接受自己，穿起了裙子。

单亲家庭的孩子，容易觉得自己没资格庆祝父亲节或母亲节。从小不在父母身边长大的孩子，会产生自己不重要、被抛弃的想法。女士看到漂亮的包包或衣服，觉得自己没资格去拥有，自己配不上。有时被推荐去做自己很拿手的事情时，又觉得自己无法担当……这些都是小时候被无价值信念感染过的结果。

简单来说，无价值是孩子觉得自己配不上要追求的目标。

日常生活里我不断提醒自己，答应过Sunny的事情一定要言行一致。记得他5岁时，我问他："爸爸答应过你的事情，是不是都能做到？"

Sunny说："大部分能，也有做不到的。"

我问："什么时候，是什么事呢？"

Sunny："不说，反正有。"

从此，我更注意自己对孩子的承诺要说到做到。

无望、无助和无价值这三个思想病毒非常厉害，会影响孩子的一生，家长需要格外注意。

自从我学了NLP后，从Sunny两三岁开始，身边的长辈和老师有时难免会当着孩子的面给他一些负面的评价，我会为孩子进行重新定义解释。例如：

长辈说Sunny有口吃，我告诉Sunny，这是大脑发育比嘴巴肌肉快。

幼儿园老师说Sunny跑步太慢了，我说孩子只是暂时慢点，更适合长跑，多锻炼会有进步的。

虽然家长无法时刻在孩子身边去向周围人解释，但只要父母在力所能及的场合为孩子多植入正面的思维，就能逐步增强孩子的自信心。

推荐视频：《离家之后》

扫码关注我的微信公众号，回复"心流9"观看本节推荐视频

❤
心流感悟

无望：凡事受阻碍，拒绝行动。解决：给予有条件的允许；降低期望值。

无助：我有能力，但没用；别人行，我不行。解决：在不违反法律和道德且保证安全的情况下多给对方机会去尝试。

无价值：我没价值，没资格。解决：家长言行一致。

这三个思维病毒，不单对孩子影响巨大，对成人也一样有负面影响。

✎ 作 业

题目1：总结自己对孩子或伴侣有哪些过高的要求（例如与他人的对比，或者实现自己未能实现的梦想，让对方难以达成目标等），请写下来；如果没有请写"无"。

_____

_____

_____

_____

_____

题目2：总结你觉得孩子或伴侣目前有哪些行为是TA自己能做到的，但你却总在代劳，请写下来；如果没有请写"无"。

_____

_____

_____

_____

题目3：你对孩子或伴侣做过让TA觉得自己无价值的事情吗？（例如说自己没空陪孩子，却被孩子发现你在玩手机等）有的话请写下来，如果没有请写"无"。

_____

_____

_____

_____

📖 优秀作业

⊙ 题目1

@Sharon-赖：听完课后，再思考这个问题，感觉过高的要求还是挺多的。比如：①孩子好动，我非要他坐下来安静地听课，可是心里又嫌他互动不够。②我有事时希望孩子能自己翻书而不是抱着书来找我。③以前会自己小便，最近又不肯了，我希望他现在能自己小便。

@昌娣：对孩子说：我希望你这次能仔细一点，考100分。

@海晓：对女儿过高的要求包括：为什么不像别的孩子那样大方，那么主动？被欺负时应该懂得保护自己。

@陈芊竹：我是一个十分追求完美的人，确实想让孩子去完成自己未能实现的梦想，因为当年没有进入自己心怡的学校，就极力想让孩子考上。所以不断地给孩子提要求。现在通过学习，感觉很惭愧，不应该把自己未实现的梦想强加在孩子身上。

⊙ 题目2

@秋^_^：冬天的时候，孩子洗完澡出来，我担心她着凉，偶尔会过去帮帮忙。其实孩子能做到，但我却在帮她做。平时生活中的一些事情也会帮她做，让孩子少了锻炼的机会，以后要改啊！

@江小鱼：帮忙照顾女儿的仓鼠；未坚决与10岁的女儿分床；替女儿收捡物品、收拾房间。

⊙ 题目3

@Sharon-赖：①跟孩子说我没空，在工作，目前孩子分不清我到底是在工作还是玩，但我确实是在玩手机。②老公很久以前说过"跟你商量也没用，反正你都按照自己的想法来"。

@海晓：有时候孩子让我陪玩或者讲故事，我在微信上和朋友聊天，就说：稍等下，我有事要处理。其实根本不是什么重要的事。有时我自己在看书或者听课，总被在一边的女儿打扰，我也会很不耐烦地说：能不能自己一个人看看书，妈妈也需要独立的时间和空间，你打扰到我了。其实，只是我自己没有把时间安排好。

@蛋妈有艾：①孩子认认真真做好送给我的礼物，没有得到我的重视，因为我正忙，就随意放在一边，让孩子感觉到自己没有价值。②孩子请我陪她睡觉聊天的时候，我正忙着微信回复一些事情，让孩子感觉到没有陪伴，没有价值，她还不如我微信里面的人重要。

实战案例

@梅：大宝上初中时脸上长了很多痘痘，可能是有同学取笑她，回家后她懊恼地问我她脸上怎么长那么多痘痘。我说，那是智慧痘，特别聪明的女孩子才会长。她虽然知道我是开玩笑，但是她能坦然面对了。有一次，我亲耳听到她笑着对一起回家的同学一字一顿地说：我这是智—慧—痘！

@苏兰：总觉得小孩眼睛小，每次看着都有点发愁。小孩慢慢长大，我不再去纠结于某一个部位，发现她的五官很协调、精致。

@萤之光：一个大家都不怎么喜欢的同事，今天我在一个地方遇到了，发现她其实很有爱心，也很可爱。同时发觉，我有一双善于发现美的眼睛！

@如瑜得水：女儿身材比较瘦小，时常会被邻居大妈说太瘦了。但是她非常灵活，运动时身轻如燕，跳绳飞快，体育成绩棒棒的。

@周英：昨天和宝爸爸说起二宝的情况：过敏体质，生长发育偏迟缓，算是达标的下限。宝爸觉得二宝比较可怜，没有哥哥幸福。因为我学习了NLP课程，我就这样对他说："焦点在哪里，成长就在哪里，弟弟有哥哥陪伴，皮肤白，现在还能吃上母乳，真的很幸福了。在我这个妈妈的眼中，二宝和大宝一样是幸福的。

@舒庭：晚上准备安排儿子去我们经常去的地方吃饭，儿子不同意，提出另外的意见。本来想，儿子要去的地方没有太多他能吃的东西，但我没有坚持——尊重他的选择。结果发现晚饭儿子吃得很好。尊重孩子，总会带给我惊喜。

第3节 价值观：激发孩子内在的学习动力

价值观是什么呢？从NLP的角度来说，价值观是人做一件事情时的出发点——为了什么目的去做这件事，完成后带给他的好处是什么，以及什么才是最重要的。价值观是推动一个人对任何事情是否行动的动力。例如：

女性购买一个手提包，也许是因为它的手工好，也许是因为美观，也许是为了荣耀……买某个品牌的汽车是为了安全，买另一品牌是为了驾驶的乐趣，或是为了尊贵……这些都是价值观的体现。

促使一个人去行动有两种原因：**要么追求快乐，要么逃避痛苦**。如果一个人跑1 000米能拿到100万元的奖励，这会让他很有动力，他会努力去跑。另一种方式是放一只老虎去追这个人，相信他跑的速度比争取100万元奖金时更快。因为被老虎追上带来的痛苦远比100万元奖金带来的快感更加强烈。因此，**逃避痛苦的动力远大于追求快乐带来的动力**。

因此，当我们看到孩子在玩手机、玩游戏，如果家长直接问：什么原因要玩游戏呢？孩子也许不会说。如果换成家长请教孩子：宝宝，打游戏时你有什么感觉呢？也许孩子就会说打赢那些怪物感觉很爽，或者打通关很有成就感……这些都是孩子玩游戏的价值观，不仅仅是好玩那么简单。

分享一个案例：

曾经，有一位妈妈和我说，她很想与已经成年的儿子聊聊天，却发现孩子总喜欢看黑社会题材的电影。这位妈妈觉得孩子品位低下、不思进取。我问这位妈妈："你觉得当黑社会老大是什么感觉？"

她说："权力大，受尊重。"

我说："对啊，也许孩子很渴望这样的感觉。你真的很想和孩子聊天吗？"

她说："肯定了！不过孩子老是不理我，我又不敢关电视，郁闷得很。"

我说："那你可以从请教孩子剧情开始，一步步去了解孩子是如何看待黑社会老大的。"

孩子对黑社会老大的看法，就是他的价值观所在。

孩子的价值观从出生开始就会受到身边人的影响，因此家长要注意自己的言谈举止。例如：

家长说，宝宝帮忙做家务，妈妈奖一块钱给宝宝。孩子就学到了做家务是为了得到钱，下次不给钱就不想做家务。这里传递的价值观是利益。如果家长说："宝宝也是我们家的一分子，应该承担家务，等会儿我们一起玩，好吗？"这样，孩子就明白了他也是家庭的一员，学会了担当的价值观。

一个人的价值观会随着时间、环境的变化而发生改变。例如：

有家长觉得女儿长得不够漂亮，这是家长的价值观。如果换个环境，比如在学校，会认为这不是坏事，孩子可以更安心地读书了。

价值观是一个人是否愿意行动的动力来源。因此在与孩子的互动中，我们可以通过创造、转移和放大价值观等来驱使对方去行动。

第一个方法是创造价值：把复杂、枯燥的工作拆分成几部分，逐步完成挑战，或用竞赛的方式增加乐趣。例如：

孩子做作业，学写名字，要写十行，每行写十个，这是个很无趣的过程。作为家长，可以帮他把作业变得有趣一些，例如为孩子计时，看每写一行需要花多长时间，然后在下一行中挑战更快、更端正的书写效果。

Sunny是一个地铁迷。他刚开始学写字时，也觉得枯燥，不想写，我告诉他，他每完成一行字就好像修好了一条地铁线路。他非常开心，不知不觉就完成了作业。所以，先要让孩子对学习产生兴趣，让他们享受过程。

第二个方法是转移价值：将原来的目标转移到新的目标上。例如：

孩子不想喝中药，觉得苦，那么当前孩子的价值观集中在味觉上。如果对孩子说，喝完中药，陪你玩1小时飞行棋。那么，就把味觉的价值观转移到乐趣上了。

Sunny小的时候，有一次非要拿我的手机玩。我不太想让他这么小就经常看手机画面，于是，我把手机套拆出来，手机套是浅蓝色、透明的，我让孩子拿着它去看外面的景色——一切都成蓝色的了。他看得很开心，也把玩手机的事情给忘记了，因为当下的焦点已经转移到用手机套看风景上了。

每次我带Sunny去爬山，都先告诉他，到达山顶的时候会看到马路上的车像家里的玩具小汽车那样小。风吹来很凉爽，还能听到小鸟的叫声，再吃上一碗甜甜的豆腐脑，太爽了。孩子的注意力就从爬山的辛苦转移到对登顶的期待上了。

第三个方法是放大价值：把目前做的事情所带来的好处放大。例如：

孩子有兴趣学钢琴，家长可以多带他去看大师级钢琴演奏会，让孩子知道大师是多么受欢迎、受尊重，孩子就会朝着这个更大的梦想去练习钢琴了。

又如，假设现在邀请你在大街上学狗叫，你肯定不愿意。但如果告诉你，每叫一声，世界首富就捐十万元给贫困山区的儿童——现在你参与的意向是否增加了？

推荐视频：《你的孩子在看你怎么做》

扫码关注我的微信公众
号，回复"心流 10"
观看本节推荐视频

♡ 心流感悟

　　价值观：推动一个人行动的动力。创造、转移、放大价值观，能让孩子更有动力去行动。逃避痛苦的动力远大于追求快乐带来的动力。

✏ 作　业

　　题目1：想一件让孩子（或者你）觉得很乏味的事情，然后创造价值观，让这件事情带来的乐趣更多。

_____

_____

　　题目2：你和孩子在商场，孩子想买某个玩具，不愿意走，但你要赶时间。尝试快速转移孩子的价值观。

_____

_____

　　题目3：你与孩子去爬山，走了几分钟，孩子就说累了，不想走了。尝试放大孩子的价值观，让他坚持走下去。

_____

_____

📖 **优秀作业**

@helei

题目1：设想过自己做全职妈妈肯定会受不了，每天面对孩子，没有自己的时间。但有时候看着孩子灿烂的笑颜和对我的关心，又觉得其实孩子就是我创造的最大价值。当然如果能有时间画画、做点甜品，我的幸福感会更强烈。

题目2：宝宝喜欢这个玩具呀，妈妈也觉得不错。如果你真的特别喜欢，我们等下回来再买，现在妈妈要带着宝贝去参加亲子活动做糖果呀——各种颜色、各种形状，你想做什么样的呢？如果活动结束了，你还是特别想买这个玩具，我们就再来买，好吗？

题目3：宝贝累了呀！那我们先休息一下，然后再努力爬。自己爬到山顶俯瞰大地时，景色会更加美丽，而且可以很自豪地告诉小伙伴：我是自己登到山顶的！经过努力之后获得的成功会让人心里觉得更甜蜜，我看好你哟，我们一起努力！

@Kee

题目1：女儿觉得规矩地练习数字挺闷的，于是我们发明了一个"捉奇怪数字乘客"的游戏：把1～20写好，然后我当巡逻员，离开30秒，女儿在规定时间内拿笔帮数字穿衣服、戴帽子，时间到了我就捉那些奇怪的数字。

题目2：宝宝是不是很喜欢这个玩具呢？妈咪今天出门也没做预算，要不我们先记下玩具的名字和价格，回家看看宝宝的钱包够不够。等存储了足够的钱在宝宝钱包里，下次再来把它带回家吧！

题目3：累了吗？那我们休息60秒，存储足够的燃料，然后变身火箭飞上山顶吧。当我们降落之后，就可以插上胜利的旗帜了。

@昌娣

题目1：洗碗貌似有点无聊，其实让人很有成就感噢：看看碗儿们都闪闪发光，像是小星星的光芒哦，让我们一起让碗儿们闪闪发光吧！

题目2：宝宝，妈妈知道这些玩具很有趣，但是咱们要赶回家，爸爸着急地等着我们呢。见到爸爸后，我们一起去游乐场，怎么样？

题目3：宝贝，你已经很不错了，自己走了几分钟呢。不过，前面有更美的风景，还有很多小动物，只有自己走过去，才可以看到哦。加入爸爸妈妈，一起走，好不好？

🛩 **实战案例**

@谷海凤：米尔看到椰子汁想要喝，我告诉他：你最近咳嗽，椰子汁太甜，喝了喉咙会更难受，咳嗽会加重。但他还是想喝。我就说，其实我也很想喝呢，然后我就故意地使劲咳嗽了几下，对他说"哎呀，妈妈也咳嗽了，那就不喝椰子汁了，我可不想让我的喉咙更疼"，然后我就走开了。他看了看我，看看椰子汁，没有说话也没有喝椰子汁跑开了。

@四叶草：宝宝不爱收拾玩具，每次玩具玩完了，就往桌子上一堆，我一看到乱七八糟的桌面，就来气。但学习了重定焦点后，我懂得解决不爱收拾玩具的问题，其实想达到的结果是孩子能自己收拾玩具。于是我就提出可以一起做游戏，两个人各一个盒子，比比看谁最先收拾好。

@潜水鱼：昨晚爸爸让宝宝从床底下找鞋，看得出来宝宝不高兴，不喜欢干这个活。我马上说：哇，玩找东西的游戏宝宝最擅长！她马上高高兴兴地蹲下来开始找了。

@潜水鱼：宝宝吃完玉米，很多玉米粒掉在地上。我说，你把它们捡起来。她不捡，说多累啊。我说我们来玩小红帽的游戏，我当外婆你当小红帽，你到山里给我采蘑菇，地上的玉米就是蘑菇。她说好的，就开始一粒一粒捡了起来。

@婷：儿子快4岁了，一直比较娇气。昨天他大拇指起皮了，洗澡的时候他哇哇叫，哭着喊着"好痛吖"。按平时的做法，我会先给他说上一通道理，或者威胁他再哭就自己完成，不要想着妈妈来帮忙。这次给他拿衣服的时候正好拿的是小黄鸭睡衣，我想起"转移价值"的方法，就跟他说，你的是"好痛鸭"，妈妈的是小黄鸭。宝宝一听哈哈大笑，精力就转移到小黄鸭上了。于是我顺势跟他说小黄鸭最喜欢吃青菜，所以手上从不掉皮，你的"好痛鸭"要向小黄鸭学习啊。宝宝说："我肯定会比小黄鸭厉害，明天我会吃好多青菜。"

第4节　规条：做内方外圆的好家长

规条是对某些事情的具体做法，是我们认为有效的方法，即实现信念、达成价值的方法。例如：

每周坚持听亲子课，听完做作业；

每天睡觉前都看半小时的书；

每个周末陪孩子出去玩一次；

每周陪父母吃一次饭；

……

有些家长希望孩子长大以后能有更好的艺术修养，没经过孩子同意，就送孩子去学钢琴、舞蹈等。父母想让孩子有更好的艺术修养是价值观，后面的做法是规条，规条是为价值观服务的。可是大部分的父母只看到了规条：孩子要多参加一些培训班。

那么请问：要获得更好的艺术修养，上培训班是不是唯一的途径？当然不是，不过大多数时候，人们还是喜欢坚持规条。家长坚持让孩子去做一些事情的时候，记得先问自己：

让他这样做是为了达成什么目标呢？

这是唯一的方式吗？

我是要实现目标，还是要坚持这个方法呢？

除了这个方法外，还有其他方法吗？

坚持规条而忽略了信念和价值观的人，通常有两个特征：

第一个特征是过分强调原则和理论，但是如何才能做到，则没有说出来，显得很死板。例如：

妈妈要求孩子每天必须吃煮鸡蛋，因为认为煮鸡蛋最有营养，鸡蛋的其他做法会导致营养都流失了。

孩子长大后只有去国企工作，才会有稳定的收入，将来才有前途。

第二个特征是有深层的、类似无价值的障碍性信念，不自觉地把自己拒绝于成功、快乐的大门外，会坚持重复一些无效果的做法。例如：

我不可能一个人去旅行。

如果老公外出，一天不打电话回来，我就不开心。

这些都是限制性的语言，容易对自我或者身边人产生限制性思维。太多规条或规条过严会使人失去活力，规条太松又会缺乏节制。我们要选择适当的规条，反思哪些规条限制了自己或身边的人。有些人总是相信某些做法一定是对的，虽然他们看起来很辛苦、很努力，但总是徒劳无功。因为重复旧的做法，只会得到旧的结果。

用一句话来解释信念、价值观和规条：信念是方向，价值观是好处，而规条则是方法。

综合起来，把三个概念串起来打个比方：

为了更好地教育孩子——价值观；

所以要多学亲子知识——信念；

坚持每周上网课、做作业——规条。

举例：

有些家长说平时忙工作，每天工作12个小时，没时间陪孩子。通过刚才所学，我们试着用不同的方式去拆解。

基于信念发问：请问你认为陪孩子要多长时间？

基于价值观发问：请问孩子的陪伴重要吗？说忙就是认为有更重要的事情做，请问工作和有效地陪伴孩子，哪个更重要？

基于规条发问：除了每天完成工作必需的时间外，假设有时间，你愿意每天抽多少时间陪孩子呢？

当我们想一个人去行动时，要么让对方看到更有吸引力的价值观，要么让对方相信这样做有效（信念），要么提供不同的实现方法（规条）。

在亲子过程中，我们如何应用这三点呢？我们以孩子不吃青菜作为案例：

信念：让孩子相信这样做有效。例如，告诉孩子吃了青菜有利于拉便便。

价值观：问宝宝：想漂亮吗？想长得更高吗？想的话，多吃青菜皮肤更白、更漂亮，能比爸爸还高。

规条：坚持每顿饭都吃青菜。可以游戏化地表达，如"卡车要运青菜进山洞啰"。

Sunny五年级前的英语成绩还不错，我没有刻意去强化。后来老师建议他参加剑桥的语言考试，让他加大阅读量和大声朗读。

我告诉Sunny："英语考试获得良好的成绩，对于今后升到更好的学校有帮助（价值观）。我们起步虽然晚些，不过我相信你一定没问题的。Sunny想做这件事吗？"

Sunny说："一定行。"（信念）

然后，我购买了全套牛津树和美国的RAZ。老师建议每周朗读2本，Sunny每周会大声朗读6本并背诵单词，考试前刷了几份试题。（规条）

半年后，Sunny参加考试，获得了"优秀"。我告诉他，方法是正确的，继续沿用，加油！后面的两次考试他都取得了不错的成绩。

推荐视频：《男人的一生》

扫码关注我的微信公众
号，回复"心流11"
观看本节推荐视频

心流感悟

规条是对某些事情的具体做法。如果总是认为自己的某种做法是对的，不断重复执行，只能得到旧的结果。"固执"是以个人为中心，相信自己是"对的"，屏蔽了外界的声音；"坚持"是围绕着目标的达成，只要是对目标有帮助的声音都可以接纳。

作 业

请列举自己很固执或者坚持做但无效果的做法。

_____

_____

_____

_____

_____

_____

优秀作业

@冰心：每天送宝宝到幼儿园，离开前我都要求宝宝亲我一下。有时她不亲我，我就觉得有点失落。现在知道了，这是我的规条。

@慧雯：每次和娃一起碰到朋友时，我都马上对娃说：快点叫人。但叫人不等于娃有礼貌，这个规条要改。

@于暖暖：我经常要求老公用色拉油做菜给孩子吃，他说用橄榄油也行。我们为此还吵过好几次。现在想想，橄榄油也不错，以后不强迫老公了。

04

第4章

换个角度看世界：固执与灵活的差别

第1节 理解层次：站高一级看事情

前面几章一直都在研究我们的大脑，接下来我们了解一下大脑处理事情和问题的层次，即理解层次。

NLP里强调，我们要做到身心合一、内外一致，达到我好、你好、世界好的三赢状况。NLP描述的理解层次一共有六个，包括灵性、身份、价值观与信念、能力、行为和环境。

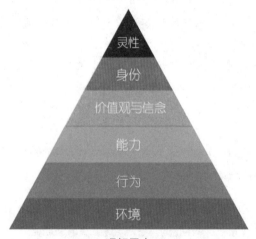

理解层次

灵性：我与世界各种人和事物的关系，即人生的意义。

身份：自己用什么身份去实现人生的意义——我是谁，我的身份是什么。

价值观与信念：配合这个身份要有怎样的信念和价值观——我要怎样做，我认为什么是重要的。

能力：我有什么选择，我掌握了什么能力——我如何做，是否有能力做。

行为：执行的过程——做了什么，如何做的。

环境：时间、空间和人。

这几点怎么去理解呢？举个例子：

有一所内陆学校，孩子们基本不会游泳，我们可以通过老师说的话去了解不同的描述对孩子的影响程度。

如果老师说："我们这里是内陆城市，平常就缺水，没有条件培养孩子学游泳。"这是站在环境的角度去描述，对孩子伤害较小。

如果老师说："我们教了游泳，但他们的姿势不行，手脚不协调。"这是站在行为的角度去描述，把责任推给了孩子。如果孩子听到，会觉得自己的动作没达到老师的要求。

如果老师说："这些孩子领悟力差，学来学去都学不会。"这是站在能力的角度，否定孩子的领悟能力。

如果老师说："这些孩子对游泳根本没兴趣，也没自信。"这是站在价值观和信念层面否定，对孩子的影响较大。

如果老师说："这些孩子是旱鸭子，猪一样蠢。"这是站在身份层面否定，直接对人下评价，威力巨大。

如果老师说："这些孩子生来就不是学游泳的料。"这是从灵性角度全盘否定。

一般层次越低的问题，越容易解决。同时，用高层次的解决方法比较容易解决低层次的问题。相反，高层次的问题难以用低层次的方法去解决，甚至在问题的相同层次中去找解决方案也是无效的。当自己或对方遇到问题时，可以先从低层次开始，再一个地往上搜索，直到找到问题的根源，再去处理。一般用灵性层外的其他层次会比较容易理解。例如：

孩子说不想学游泳了，觉得自己学不会。这是行为层面。

家长可以给孩子的方向是更高层面的，例如能力层面：学会游泳以后，万一坐船掉入水里，能自己游到岸边。

孩子不肯刷牙。家长经过了解，得知原来孩子觉得刷牙过程麻烦，让孩子觉得不舒服。这属于行为层面。

家长可以提升到价值观层面，对孩子说："如果不刷牙，牙齿被虫子蛀了，黑黑的，看起来就不漂亮了。"

孩子说不想练钢琴了。经过沟通，得知孩子不知道为何要学琴。这是能力层面。

家长可以提升到身份层面，可以让孩子看看知名钢琴大师的演奏会，看到大师是一位受人尊重、受人欢迎的钢琴家。

孩子练习跳绳，挑战每分钟120个，连续几次都没能成功。孩子表现沮丧。这时家长可以这样鼓励：

"我看到你刚才很努力地跳绳，也尝试了好几次。"（行为）

"你很有上进心。"（价值观）

"休息一下，继续努力，我相信你一定能做到的！"（信念）

家长可以根据不同的情况，给予孩子不同层次的沟通方向。利用理解层次，可以帮助孩子梳理思维。例如老师说下周会举行班委竞选演讲，假设你的孩子想竞选班长（身份），但对演讲的内容比较迷茫。作为家长的你，可以这样问：

家长："听到你说要竞选班长，我很为你开心。你觉得你有哪些地方最受同学们欢迎呢？"（价值观）

孩子："我很热心助人，人缘好，幽默。"（价值观）

家长："不错啊，能说出几个优势。基于这些优势，你能为班级和老师做些什么呢？"

孩子："我会做好老师的助手（身份），帮助老师完成任务（能力），让我们班的同学们更加团结（价值观）。"

家长："帮助老师完成任务要做些什么呢？请举个例子。"

孩子："每天早上带领同学们早读，维持秩序。"（行为）

家长："很好。有你在，老师可以轻松一些了。那么，如何让同学们更加团结呢？"

孩子："我知道有几位同学之间有误会，我会多和他们聊天，化解矛盾，因为我们都是一个集体。"（行为）

家长："你很有集体观念。刚才说了那么多，你打算明天怎么做呢？"

孩子："我已经知道怎么做了！"

上述案例中，家长从身份层面，自上而下地引导孩子思考如何为实现想要的身份做准备。

有些家长对孩子的学习非常焦虑，导致孩子也紧张万分。焦虑的原因是什么呢？佛学说，**痛苦乃拿不起，放不下**。拿不起是能力问题，放不下是价值观或身份问题，两者之间的差距就是一个人痛苦的来源。例如，家长希望孩子的成绩能进入全年级前十（价值观），然而孩子日常成绩在年级前五十，语文是弱项（能力）。因此，如果想减少痛苦，减少两者之间的差距，要么加强自己的能力，要么降低自己的价值观——当然两方面一起变化，痛苦便明显减轻。例如，家长可以先把期望值降低为先进入年级前四十，同时给孩子补习语文课，给孩子一个学期的时间去成长等。

基于理解层次理论，**家长赞扬孩子时，建议从低层次提升到高层次**，具体的方法将在第5章第2节详细介绍。相反，**批评孩子时，切记只停留在行为或环境层面即可。提升的层次越高，对孩子的伤害越大**。例如：

孩子把地面弄得湿漉漉的，家长说："我看到宝宝洗碗后，地面有好多水，请你把它拖干净。"（地面有水：环境；请孩子拖地：行为）

接着，我模拟家长将批评升级，请你感受语言的威力。

家长说："地面湿漉漉的，你会不会做家务？"（能力）

家长说："地面湿漉漉的，你怎么这么邋遢！"（价值观）

家长说："每次你洗碗，地面都是湿漉漉的。说了多少遍都不改。"（信念）

家长说："地面湿漉漉的，教你多少次了，笨蛋！"（身份）

家长说："地面湿漉漉的，你和你爸一样，都是笨手笨脚的！"（灵性）

感受到了吗？所以，家长对孩子使用不恰当层次的表达方式，对孩子来说就等于思想病毒。

推荐视频：《暴力语言会变成武器》（留意其中家长表达负面内容所处的层次）

扫码关注我的微信公众号，回复"心流12"观看本节推荐视频

心流感悟

　　每个人处在不同层次时对事情会产生不同的看法，解决办法也大相径庭。用更高层次的思维可以轻易处理低层次问题。赞扬时从低层次提升到高层次，批评时应只在行为层和环境层。

作　业

　　请通过理解层次，对以下话语进行剖析。填写：灵性、身份、信念与价值观、能力、行为或环境。

我不喜欢住在东京，人太多了。_____

我什么都不会。_____

每天上班就是处理文件交给上司。_____

我是小人物而已。_____

现在去学习没什么用了。_____

我最喜欢下班回家打游戏。_____

我天生就是这样的。_____

📖 优秀作业

@彭婷：环境、能力、行为、身份、价值观、价值观或行为、灵性。

✈ 实战案例

@梅：经常有人对我说，你两个孩子都是女儿啊？我回答，人家都说女儿是妈妈的小棉袄，我特怕冷，得穿两件棉袄才行。

@ying：有一次我带宝宝出去玩，在河边看见一男子坐在栏杆上。宝宝走过去，说：叔叔，你这样很危险。旁边的阿姨说：小朋友还挺爱管闲事。我说：孩子很有安全意识，并且愿意关心别人，很热心。

@慧雯：看到娃做作业慢得很，刚要说他做事拖拉，想到课程里说不好的行为不要升级，马上改口说"妈妈看你做作业做得太慢，希望能加快点"。

第2节　思维框架：给你的想法"换个框"，心情美美的

本节介绍一个新的方法——换框法。NLP换框法的"框"，指的是一个人的思维架构（信念和价值观），以及一个人的思维高度（格局和境界）。框架的大小决定了一个人思维境界和层次的高低——框架越大，那么人的格局也越大，思维蓝图也越丰富，视野也越开阔。所谓的换框法，是用一种新的思维架构去审视和解读我们遇到的事情或问题，可以让我们突破原有的思维框架，找到新的目标和方向。接下来介绍三种换框法。

第一是意义换框法，指的是找出负面事物中的正面意义。因为事物的本身并没有意义，所有的意义都是我们赋予它的。同样的一件事情，可以有一个意义，也可以有多个意义；可以有不好的意义，也可以有好的意义。意义换框法对一些因果式的信念最为有效。例如：

有家长常说："因为孩子不听话，所以我很抓狂。"如果把句中的"果"（我很抓狂）改为反义词"我很淡定"，再把句首的"因为"二字放到最后，这句话就成了：

"孩子不听话，但我很淡定，因为我学了NLP。"

也可以说："孩子不听话，我要继续努力，学习更多的亲子知识。"

又或者："孩子不听话，我马上自我觉察，是我的沟通方式需要改变。"

当负面的事情有了正面的价值，人自然变得积极了。例如：

孩子老是说我唠叨，所以我要说得简练些，因为我要和孩子沟通得更和谐。

意义换框法可以把一些负面的、无价值的东西转为有价值的、对对方有帮助的事情。例如：

孩子说:"这次校运会短跑我只得了第四名。"

家长说:"第四名不错嘛!我看到你平时经常锻炼,名次并不重要,重要的是你不断挑战自我的决心。"

又如,孩子说:"老师找我谈话,我心情不好。"

家长说:"老师找你谈话,这是好事呢,证明老师重视你,希望你进步。"

如果孩子说:"今天下雨,又不能去公园玩。"

用意义换框法后,家长说:"下雨天我们可以在家下跳棋,或者我陪你一起看动画片。"

第二是二者兼得法。在日常生活中,我们经常会遇到鱼和熊掌不能兼得,选择A就失去了B,选择B就失去了A,这让我们感到困惑。我们容易接受这种局限性信念的束缚,认准了那就是"现实",而不肯以自己的理想目标为依据去思考,找出突破。因此,我们需要有一份觉察力,提醒自己:坚持二者不能兼得,对我没有好处;而相信二者可以兼得,则对我有好处,应把自己的思维带向后者,这样才有可能找到两全其美的方法。二者兼得法是以此为基础,对自己发出思想指令:

假设A与B是可以兼得的,我需要怎样想或怎样做才能把它实现?

这样,思想方向就跳出了原来的框架,愿意去追求突破。例如:

有人说:平常照顾宝宝,没有私人时间了,我没时间学习。

【换框】用二者兼得法转换一下,变成:为了更好地照顾宝宝,我要想办法抽空学习。

有人说：周末孩子生日，但我要加班，无法陪孩子过生日。

【换框】用二者兼得法转换一下，变成：周末要加班，刚好是孩子生日。如何在不请假的情况下，给孩子一个惊喜呢？也许可以去蛋糕店定制一个蛋糕送回家，然后通过视频通话给孩子送祝福。

有一次，我太太到上海出差，回来时买不到高铁票。因为时间仓促，订飞机票要全价。为了省钱，她改乘普通火车回广州，差不多用了一整天时间。后来Sunny说："妈妈如果乘坐飞机，省下的时间可以赚到更多的钱。"这其实也是二者兼得法，省时间和少花钱兼得。

二者兼得法意味着同时做到，让我们脱离左右为难的困境，努力去寻找两全其美的方法。当信念改变了，往往解决方案自然就产生了。

第三是环境换框法。同样一件东西或事情，在不同的环境里其价值会有所不同。这里说的环境包括时间、地点和人物。找出有利的环境，便能改变这件东西或事情的价值，因而改变有关的信念。例如：

一瓶矿泉水，在超市只卖几块钱。但是在沙漠，对一个口渴难忍的人来说，它就是无价的。

有人说，孩子长得不漂亮。

【环境换框】孩子长得不漂亮在什么情况下是好的？也许长得不漂亮，反而会更有安全感。或者，长得不漂亮，上学时不容易分心，孩子可以更专心去学习了。

有人说，我的孩子不爱说话。

【环境换框】不爱说话在什么情况下有好处呢？孩子不爱说话，也许上课就比较安静，更专心。或者，孩子不爱说话，更喜欢去观察和思考。

有人说：我的孩子怕生，朋友抱一下他都哭。

【环境换框】孩子怕生什么情况下是有利的？孩子怕生，如果陌生人突然想抱走他，起码他会大喊大叫，更容易引起警觉。

有人说：我的孩子现在长大了，嘴巴厉害了，经常跟我顶嘴。

【环境换框】顶嘴在什么情况下是好的？孩子喜欢顶嘴，证明很有主见，以后也许是一个不错的辩论家——律师的嘴巴不也很厉害吗？

有一天，我和Sunny一起过马路，路上有点堵，有一辆车停在了斑马线上。行人为了绕过这辆车，纷纷往车头或车尾的方向走。

Sunny问："爸爸，如果车通过火车道口时，前方的车很多，而且正在堵车，那么车为了不停在路轨上，司机该如何做？"

我说："等前面的车离开了，留下一个车的空位时再继续开。"

Sunny问："那为什么司机经过斑马线时不这样做？"

听完，我觉得很有道理，也引以为戒了。

通过环境换框法，为自己的人生状态找到更有利的环境，将本来无价值、无意义的东西或事情变成自己的资源或优势。

以上三种换框法，结合之前介绍的5R，通过不断练习能提升自我觉察的速度，从而转变行为，产生更有效的结果。5R和换框法不是让我们自欺欺人，而是让我们从更多角度去看问题，接纳眼前看到或听到的事情，进而有效地调整自己的情绪。

生活中，很多人喜欢说"没时间"。这句话的意思其实是他把时间用在了他认为更重要的地方上。那么，当某一天我们也觉得"没时间"时，不妨问一下自己：怎样可以"有时间"，怎样可以"同时做到"。

推荐视频：《文艺暖女LILA》

扫码关注我的微信公众
号，回复"心流 13"
观看本节推荐视频

♥
心流感悟

　　用一种新的思维架构去审视和解读我们遇到的事情或问题
时，思路开阔了，格局也放大了，处理问题的方法也更灵活了。

✏ 作 业

　　题目1：明年市场低迷，生意难做。请使用意义换框法来换框。
（提示：所以……因为……）

_____

_____

_____

_____

_____

　　题目2：我平常要带孩子，没空陪先生，婚姻关系越来越差了。请
使用二者兼得法换框。（提示：如何同时做到）

_____

_____

_____

_____

📖 优秀作业

@ying：

题目1：所以今年要一边努力提高业绩，一边寻找新的市场商机。因为只有提前规划，未雨绸缪，才能抢占先机，立于潮头。

题目2：孩子要带，先生也不能忽略。平时晚上，安排好孩子的作息，腾出一点时间与先生交流今天的工作或生活感受；周末，可以计划家庭观影、郊外出游等活动，在这个过程中先生既可以多关注孩子，也可以让他体会我平时的辛劳。在先生照顾孩子的同时，我照顾先生——换位的同时体会到关爱，先生的感受大概会更深。

@周英：

题目1：说明有新的商机：创业门槛低，是创业好时机，更容易获得政府支持和补贴。

题目2：让爸爸参与和小孩的互动，提升爸爸的职责。全家去旅行，既能照顾孩子又能丰富家庭生活，宝宝和爸爸一起成长。

@萤之光：

题目1：明年市场低迷，所以我们要抓住今年的好时机，明年就可以放松一下啦。

题目2：我平时带孩子，晚上孩子睡觉后，我可以和先生喝杯咖啡，聊会儿天，分享一下彼此的心情。这样，我们的关系会越来越融洽。

@呱呱：

题目1：所以要更加努力并拓展其他的业务，因为生意难做了。

题目2：我可以周末跟先生一起带孩子出去亲子游，这样既能增进夫妻感情，又能增强亲子关系。

✈ 实战案例

@小徐：

教室里没有电灯。换框法：下雨或阴天时播放网络课件效果特别好。

教室里没有电风扇。换框法：学生更能锻炼意志力；教师上课是十足的脑力劳动与体力劳动，对于女老师简直是最好的减肥运动。

@may：孩子的第三个儿童节，陪伴与工作同时做到。带孩子去过烟台之后，宝贝一直说想再去。我知道她喜欢海边的沙滩。今天儿童节，我带她去户外玩沙子，小家伙超级开心。因为下午请假陪伴孩子玩沙子，未完成的工作便在晚餐后加班完成，孩子由爸爸带去散步。然后一家人一起睡前阅读。二者兼得的感觉真不错！

@积羽沉舟：因为今天孩子幼儿园要搞活动，所以昨天就向领导请了一天的假。上午活动结束后，我就回到了工作岗位。同事说我都请假了怎么没休一整天？以前我也会这样想。现在转变了，是因为领导批了我的假，我应该以更高效率去工作，同时领导也会认为我是一个诚信的人。工作完成了，孩子的活动也参加了，两全其美。

@A_OK：前晚，大嫂抱着我的小宝宝上楼玩，大宝宝大声哭，一直叫喊着要找弟弟。我用换框法想：大宝宝这样大哭的原因是怕失去弟弟，以后会照顾弟弟呢。

@楠哥：今天我帮儿子洗奶瓶，消毒的时候儿子过来抢。我刚想骂他，回头便看见他把奶瓶递给我。我用换框法想：儿子平时看见我把瓶子放到消毒器里，他是想学着自己这样做。我对儿子说："你真棒，是妈妈的小助手了。"

05

第5章

认识和处理情绪：**孩子情商教育的启蒙**

第1节　EMBA法则：控制自己的情绪

在日常沟通中，要想沟通有效，首先要处理好自己的情绪。每天"熬鸡汤"的目的，是为了提升自我觉察力，让自己对情绪调控有选择权。那么情绪是什么，它是如何产生的，有什么作用呢？接下来我将一一讲解。

首先，了解自己的情绪。NLP有一名句：**没经过我的允许，任何语言都不能伤害到我**。别人愤怒，不会伤害我，我可以换一种方式去互动，先处理好自己的情绪。

学习NLP，不是让我们没有情绪，而是让我们学习管理情绪，无论是开心，还是悲伤、愤怒，只要对目标有帮助，都可以调节，关键是我们表达情绪后能用多长时间让自己恢复回来。

说到情绪的调节，就要了解自己的情绪、思想、身体和态度的关系——EMBA法则。E是情绪，M是思想，B是身体，A是表现的态度。它们之间的关系：

思想会从我们的身体中反映出来——想起很酸的柠檬片，唾液会不自觉地增多。

我们的姿势（身体语言）会影响我们的思想——在山顶张开双臂，大脑想到的是拥抱大自然，自我解脱。

我们的思想和身体受情绪影响——害怕时牙齿会哆嗦，愤怒时拳头会紧握。

改变思想和身体都可以改变情绪——瘫靠在沙发上让人感觉颓废。

当我们遇到负面情绪时，可以通过改变肢体语言来调整自己的情绪。例如：

心情低落时，可以尝试走路抬起头，步伐迈得更大，面带微笑。

看到孩子长时间坐在座椅上闷闷不乐，可以让他离开椅子，活动身体。

当你忍不住想打孩子时，看看自己是否在咬牙、紧握拳头。如果觉察到了，不妨先深呼吸三次，然后动一下身体，或者暂时离开现场。这是让你从感性状态切换到理性状态。

同时，如果家长用负面情绪对待孩子时，孩子会感觉到你愤怒，觉得自己没能力，因此不敢看你。**孩子的学习来自家长的行为和情绪，而不是来自家长的指令，这就是言传身教。**

我们与他人的互动是镜子效应，别人的行为反映别人与我的互动效果，通过情绪表达出来。例如：

如果家长对孩子说："有本事你就走，走了就别回来！"那么孩子多半在今后就真的会走，而且离开前也不通知家长。

这些行为的结果都与人的情绪表达相关。另外，我们也要了解，当我们产生负面情绪时，背后的动机是什么。例如：

老公回家晚，老婆骂老公总是那么晚回家。那么，这里老婆就需要了解自己的内心：

希望老公早点回来是为了什么呢？

是为了老公能多点时间陪伴孩子？

陪伴孩子是想让孩子成长得更好吗？

想让孩子成长得更好，骂老公对孩子会有不良的影响吗？

骂老公是为了发泄，还是为了孩子的成长呢？

除了骂外，还有其他的方式吗？

通过一系列的反问，老婆也许已经有更好的方式与老公互动了。

因此，下次当你为了某些事情想与伴侣争执前，先问自己：

我要的是什么效果——我想证明我是对的，还是想让对方生气？我是为了解决事情，增进彼此的感情，还是为了更好地爱对方？

情绪是我们的潜意识在保护自己的信号，**负面情绪也有它们的正面意义**。例如：

愤怒是一种攻击对方、保护自己的信号，是一种自信，是强烈表达内在感受、增加控制权的表现。

悲伤可以转移焦点，因为失去了某些东西，使我们知道自己还拥有哪些东西，更珍惜眼前的人和物。

恐惧是逃避伤害、保护自己的力量。

情绪是一种能量，它不能被消灭，只能被转移。如果孩子的负面情绪得不到宣泄，就会越积越多，导致今后行为异常。教孩子了解自己的情绪，举个例子：

我陪Sunny看过迪士尼的电影《头脑特工队》，影片通过五个情绪小人角色把人的情绪直观、清晰地表达了出来。后来，我就买了电影的手办人偶回来。

《头脑特工队》人偶

当Sunny愤怒时，我就告诉他，他现在是"怒怒"，并指向对应的人偶；

当Sunny开心时，我就提醒他，他现在是"乐乐"；

当Sunny伤感时，我就把"忧忧"放到他面前；

当Sunny胆怯时，我就告诉他是"惊惊"出来了。

通过这种"照镜子"的方式，可以简单地让孩子了解自己当下的情绪状态，是很好的情商教育。

同样，家长的负面情绪也需要被转移，被释放。找自己最喜爱的放松方式，与最信任的人沟通等，都可以释放负面情绪。当家长有负面情绪时，尽量避免此时与孩子互动，可以先处理自己的情绪，比如可以先深呼吸，提醒自己冷静；或者暂时离开现场，去听自己喜爱的音乐。

万一真的没忍住，做了一些不理智的行为，冷静之后，可以反问自己：

我刚才做了什么？

我刚才有什么情绪？我有什么感受？

我学习到了什么，以后我会怎么做？

如果很不幸，你的负面情绪又产生了，发脾气了，请告诉自己：这很正常——有情绪，证明我还活着。

推荐视频：《肢体语言塑造你自己》

扫码关注我的微信公众
号，回复"心流14"
观看本节推荐视频

心流感悟

"没经过我的允许，任何语言都不能伤害到我"是一句很强大的话，值得铭记。言传身教中的"身教"除了行为外，还有家长的情绪。让孩子了解自己当下的情绪，是情商教育的启蒙课。

作　业

孩子或伴侣做了一件让你不高兴的事情，你生气了。事情已经发生，现在你冷静下来了。

题目1：请描述让你不高兴的事情。

_____

_____

题目2：面对这件不高兴的事情你做了什么？

_____

_____

题目3：你有什么感受？

_____

_____

题目4：你学习到了什么，以后会怎么做。

_____

_____

📖 优秀作业

@May：

题目1：晚上十点半左右我正哄孩子睡觉，先生加班回家。他冲进卧室，对孩子亲亲抱抱，一下撞着孩子的头，孩子开始大哭。

题目2：我烦躁地对先生说："你快出去吧，她一直在等你回来，等了很久，马上都要睡了，你干嘛非把她惹哭。"

题目3：虽然我理解先生回家想向孩子表达爱意的心情，但是觉得特别毛躁；孩子本来挺高兴地在等爸爸回来，却被磕了一下，痛得哇哇大哭，让我很心疼。

题目4：从先生爱子心切的角度，多理解一下他的情绪。安抚孩子：爸爸其实很爱你，才会这么激动。可以提醒先生以后注意表达爱意的方式与时间场合。

@昌娣：

题目1：孩子把水杯摔坏了。

题目2：我大声骂了她："你怎么回事，不是说了要拿好的吗？"

题目3：她吓哭了，我也不开心。

题目4：我不该这样骂她。我可以这样说：水杯要拿好，可能会滑；万一摔坏了，也不要用手去捡——玻璃会划伤手，告诉大人就是了。

@彭婷：

题目1：让孩子收玩具，她磨磨蹭蹭的，一个小时都没收完。

题目2：我生气地、大声地催促，并威胁说："不按时收完，晚上不讲故事！"有时她会反抗说："不讲就不讲，我自己看！"我会更生气地说："我把那些没收拾完的都扔掉。"她会哭着说："不要。"

题目3：双方很对立：感觉自己总在威胁她；而她是迫于压力，心情不愉悦地去完成。

题目4：我应该事先和她定好规矩，告诉她完成的时间以及没完成的后果。对她不遵守约定的行为保持冷静、温和、适当地提醒。她如果再没按时完成，坚定地让她承担后果。

🖊 **实战案例**

@康康：1岁的娃在吃奶的时候总喜欢抓掉我的眼镜，之前我都会以凶他的方式来制止。慢慢地成为习惯：吃奶时他抓、我凶。今天他再次抓我眼镜时，我突然想起5R，于是尝试去揣测娃的心理。我想起他刚出生时，只要我戴眼镜喂奶他就不肯吃，我必须摘掉眼镜才行。我尝试问他："是不是不喜欢妈妈戴眼镜？"他点头，我又问："是不是吃奶的时候如果妈妈把眼镜摘掉，你就会开心？"他又点头。于是我自己把眼镜摘掉了，娃开心地笑了。通过这件事，我了解到，虽然娃还小，不会用语言表达自己的思想，但不代表他没有想法，只是他的想法我还没有猜到。我要尽量去体察他的想法，读懂他、尊重他。以后喂奶，我会主动摘掉眼镜。

@A街角的=安^.^=静：有一次，宝宝把玩具弄了一地。我说了好几遍让他把玩具都收起来，他都不听。当时我已经火冒三丈了。但发火之前，我深吸了一口气，然后问宝宝要不要和妈妈一起来收拾。他乐呵呵地跑到我面前，点了点头——原来他只是想和妈妈玩一会儿。

@Candy tam：今日接儿子放学时，班主任向我提及他今日的表现——一天被老师提醒和警告了三次还不听，过程中老师亦相应做了惩罚。我听完后，向老师表示我会回家好好教导他。回家之后我没生气，我了解到，孩子其实是活跃和精力旺盛——他最近喜欢跑步，所以故意戏弄同学，想让他们追逐他，一起跑步。好吧，看来我要多了解有哪些运动适合他参加，多看看孩子的长处，多了解行为背后正面的动机。

@心界：最近我家宝宝爱咬人。今天，爸爸和宝宝一起玩游戏的时候，突然被宝宝咬了一下。大家都不明白这是为什么。晚上静下来仔细想想，觉得可能是宝宝牙齿不舒服，咬一下会缓解——他不懂这样做会给别人带来痛苦。他以为咬别人一下，自己舒服了，被咬的人也是很舒服的。这样，也就不难解释，为什么宝宝在出牙时，总是在妈妈喂奶的时候咬妈妈。所以，以后再遇到这样的情况就不用恼火了，加以引导就会改变的。

@小二姐：睡觉之前，闺女非要把所有的毛绒玩具都摆在床上，挨个叫名字，盖好被子。此刻，已经快12点了，她还不睡。晚睡对孩子的身体发育不好。学习5R后，我想：晚就晚一点儿吧，明天可以睡懒觉。这样想，就不会生气郁闷了。她把玩具摆在一起，挨个给我介绍，说那是她的朋友。这说明闺女有爱心，有集体观念，很不错！

第2节　ABC法则：重新自我觉察，快速调整情绪

本节将介绍另一个快速调整情绪的技巧——ABC法则。

天气好，心情就好；天气不好，心情也不好；老公回家晚，太太生气；孩子不听话，烦躁；老板批评我，我就不开心……我们的情绪好像都是由环境引发出来的。那么，我们的情绪到底是被环境影响而产生的，还是对事件的看法导致了我们的情绪？我们来看看ABC法则。

Activating Event：触发事件

Belief：信念

Consequence：反应

例如：

A触发事件：孩子晚上11点还不睡觉，不断要求家长讲故事。

B信念：孩子不听家长话，家长认为晚睡对身体发育不好。

C反应：家长发火。

案例中，负面情绪的产生是由家长的信念导致的。如果换个信念呢？什么情况下孩子11点不睡觉，不断要求家长讲故事，而家长的反应会不一样呢？如果家长到国外出差半年终于回来，接近晚上11点才回到家，那么家长是否就会觉得此时孩子想听故事是一种天伦之乐？

相同的行为怎么会有不同的感受呢？这是因为信念不一样。从表面上看，都是别人导致了自己情绪的产生和反应。通过上面的例子可以了解到，实质上并不是事情导致了情绪的产生，决定反应和感受的，是自己的信念。

所以，我们透过内在的觉察——当事件引发了我们的情绪时，学会反问自己：这件事触动了我内在的什么信念呢？而不是问：为什么你会这样对我，你怎么能这样呢？

因为，我们无法控制别人如何做，但我们却能够通过调整自己的信念，来改变自我感受。

因此，如果我们用5R重新定义一下，通过自我觉察，得到：

孩子处于求知欲旺盛时期，而且觉得家长讲故事很好听。可以让孩子明白，晚睡容易导致抵抗力下降，容易生病。给孩子更多的选择空间：让他选择是追求自己的乐趣，还是对自己的身体负责。最后，也给家长带来了平和情绪。那么，我们得到了新的ABC法则：

Awareness：觉察

Belief：信念（新）

Choice：选择

因此新的ABC是：

A觉察：自我觉察。孩子求知欲旺盛，我讲故事很好听。

B新信念：孩子有好奇心、爱学习。

C选择：让孩子选择追求乐趣还是对自己身体负责

再举一个例子：

如果太太看到先生周末睡到上午11点都不起床，觉得先生不关心孩子，不陪伴家人，很生气。分析原有的ABC模型：

A触发事件：先生睡懒觉。

B信念：先生应该关心家人。

C反应：太太很生气。

经过学习后，我们有觉察，这件事触发了怎样的信念，我如何通过改变我的信念调整自己的情绪呢？新的ABC模型：

A觉察：先生近期工作忙，压力大，经常加班。

B新信念：周末应该好好休息。

C选择：我陪孩子玩也没问题。

结果，自己的心情愉快了。

小结一下，ABC法则三部曲：

第一步，当事情发生时，先觉察自己的情绪状态和心理反应；

第二步，通过5R、行为背后的正面动机、换框等方法转换思维；

第三步，找到正面信念，做出对事情有推动、对正面情绪有帮助的选择（建立新的ABC法则）。

推荐视频：《如何控制好你的情绪？情绪指导我们的行为》

扫码关注我的微信公众
号，回复"心流15"
观看本节推荐视频

心流感悟

触发自己负面情绪的不是他人或事情。面对同样的事情，我们可以有完全不同的情绪，说明决定我们反应的是自己的信念。信念改变了，情绪就不一样了。

作 业

请回想最近发生的一件你被环境或他人触发的事情。请通过ABC法则，让自己觉醒。

那一刻的触发事件：

_____

_____

那一刻的信念：

_____

_____

那一刻的反应：

_____

_____

自我觉察，调整信念，新的信念：

_____

_____

新的感受或选择：

_____

_____

📖 优秀作业

@Helei：

触发事件：临近下班，天下起雨来。

信念：又要堵车了，又得晚到家了。

反应：怎么这么倒霉呢！

新的信念：天气这么闷热，下一场雨，会更凉快一些，空气质量也会变得好一些。

新的感受：哈哈，这场雨来得真是时候。

@SuperH：

触发事件：从老家回广州，公公婆婆依旧大包小包地把家里最好的东西都给了我们。处理鸡肉的时候，我和老公觉得两个小时的路程很快就到了，不需要另外带冰块保鲜。婆婆坚持要我们带冰块，认为这样肉才会新鲜。

信念：怕冰袋破了，车会遭殃；而且两个小时一路有空调，肉不会坏。

反应：觉得不需要带冰块，心里不开心。

新的信念：这是婆婆关心、在乎我们的表现；如果怕冰袋破了，我们可以拿防水布垫着，也可以多套几个袋子；怕上楼难拿，我们可以在楼下就把冰袋丢了，减轻负担。

新的选择：欣然接受了婆婆的好意，婆婆开心，我们也没有觉得不高兴。

@康康：

触发事件：早上因为孩子不让我上班，害得我迟到了。

信念：孩子这么黏着我，一点都不懂事。

反应：有点生气，觉得孩子不乖。

新的信念：孩子天生依恋妈妈，特别是经过周末一起开心玩耍，孩子更希望和妈妈在一起。

新的感受：作为妈妈，有小小的自豪和欣慰。

@苢苢:

触发事件:老公说好晚上回家吃饭,结果打电话说临时被领导叫去应酬了。

信念:女儿好像是我一个人的,他都没时间管。

反应:气呼呼地挂断他的电话。

新的信念:他下班还要应酬也很辛苦,我就多陪陪孩子好了。

新的感受:这样一想,心情就平和了很多,大家各司其职,都互相体谅吧。

@大嘴丸子:

触发事件:该睡觉了,孩子淘气还想玩,不配合穿纸尿裤。

信念:累死了,也没人帮忙。

反应:强行穿上纸尿裤,很不客气地大声斥责孩子不听话。然后赌气回自己房间睡觉,把孩子扔给他爸爸和奶奶。

新的信念:孩子爱玩是天性,精力旺盛多好啊。

新的感受:气顺了,感觉自己的认识也升华了。

实战案例

@谷海凤:我家宝宝特别喜欢扔东西,什么东西到他手里都难逃被摧残的命运。之前我觉得他怎么总是这样,乱扔东西实在是坏习惯。现在我告诉自己:宝贝在练投掷,锻炼小身体呢。这样想来,觉得心情好多了。

@Candy Tam:今天和儿子经过停车场出入口时,儿子突然大声"啊啊啊"地叫,然后笑起来。旁人见到,用奇怪的眼光看着他。我没有制止他的行为,认真观察他为何这样。因为我学了NLP,通过观察,我发现儿子有探索精神,勇于大胆尝试并及时做小实验。我问儿子什么原因笑得这么开心。儿子对我说,他发现在这个洞里自己的声音变好了——有回音,好像跳跳虎卡通片里的场景。我感叹孩子的记忆力很好,看过的故事能记得并尝试实践。这次我没有因为他突然大叫而生气,反而觉得儿子很棒。

第3节　不要问题，要目标效果：负面语言正面表达

很多时候，人的情绪是被眼前看到的或者耳朵听到的问题所触发的。那么问题究竟是什么呢？通常，问题难以解决的原因是有情绪包围着，尤其是负面情绪。因此，当我们碰到问题时，首先处理自己的情绪，然后结合以下几个方法处理。

第一个方法：相反框架，把我们想要的效果表达出来。

如果有人说：请你不要想着一只花猫，不要想着一只短尾巴的花猫，不要想着一只长毛短尾巴的花猫。

现在你想到了什么呢？是不是偏偏想着一只花猫呢？

如果让你现在不要想着一只花猫，但是可以想一只哈巴狗——这时，你是否就想着一只花猫和一只哈巴狗？

这是我们大脑潜意识处理信息的一个特点：它无法消除负面的信息和指令，它会自动搜集你不想要的和你想要的东西。所以，我们要**把负面语言正面表达**。

因此，当我们不想要问题时，首先微笑，提醒自己：我有方法。然后，把问题转化为目标效果。下面的例子，前面是问题，后面是目标效果。

我不想让孩子赖床——我想让他准时起床；

我不想让孩子迟到——我希望他准时；

我不想孤独——我希望有更多的朋友；

我孩子很胆小——我希望他大胆；

我没能力——我如何才有能力？

也可以是用带有正面元素的否定词，例如：

脏——还不够干净；

成绩差——成绩还不够理想；
跑步慢——跑步还不够快；
没办法啦——一定有办法的；
长辈很唠叨——他们很关心我。

再深入一点：

对孩子说："说脏话，大家会讨厌你。"
可以改为："讲礼貌，大家会喜欢你。"

对孩子说："上学迟到的话，老师会不开心。"
可以改为："上学准时的话，老师会更开心。"

第二个方法：用比较式的思想和语言。在NLP中，只有好和更好，我们看待孩子只有原地踏步和进步。用发展的眼光看世界，看我们身边的人。同时，多与孩子自身相比较，发现他们做得好的地方。在表达中多用一些关键词，例如更加、越来越、一天比一天、比以前、比过去，等等。开头多用我感到、我建议、我希望、我看到，等等。例如：

我看到孩子收拾玩具越来越快了；
我看到儿子吃饭吃得更干净了；
我建议宝宝吃完饭再看电视；
我发现宝宝的体育成绩比以前更好了；
我希望女儿能多吃青菜；
……

这样表达的妙处是我们不断把正面的思想传递给孩子：**没有最好，只有更好**。不断强化孩子的正面思维，树立正面的人生观。

用比较式的语言可以让对方充满自信，不断进取。总有更好的方法，关键在于家长是否愿意去寻找。从不完美的身上捕捉完美的行为，充分结合我们学过的5R，让一切变得更美好。

第三个方法：从中立的角度去看问题。凡事没有对与错，只有角度不一样。行为本身没有意义，只有当行为结合了时间、地点和人物才产生了意义。例如：

孩子大声唱歌，这个行为是中立的，没有对与错。
如果孩子在舞台上大声唱歌，这样是很不错的。
如果孩子在图书馆大声唱歌，那就会干扰其他人。

——地点不同效果不同。

如果孩子白天在家唱歌，家人很开心。
如果孩子半夜在家唱歌，会影响家人和邻居。

——地点相同，时间不同，效果截然不同。

因此，当一件事情发生时，我们要提醒自己用中立的眼光去看待。需要了解这件事情发生的时间、地点和人物，简称"时空角"。

行为 ＋ 时空角 ＝ 意义

请谨记：12岁前，**孩子再坏的行为都不是针对父母的**，孩子的智力和能力都是正常的，只是没有在家长在乎的事情上表现出来而已。**人的某种行为不应直接定义整个人**。例如：

孩子发脾气，不等于他是个粗鲁的人。
孩子怕黑，不等于他是个胆小的人。
先生说了一句脏话，不等于他是个没修养的人。
《论语》中有一个关于孔子误会颜回的故事叫"知人不易"。故事描述了孔子被困在陈国和蔡国之间的某个地方，饭菜全无，7天没吃上饭了。白天孔子睡在这里，颜回则去讨米，讨回来后煮饭饭快要熟了时,孔子看见颜回用手抓锅里的饭吃。一会儿,饭熟,颜回请孔子吃饭,孔子说:"刚刚梦见我的先人,我要用干净的饭祭奠先人后再吃。"颜回说:"不可以,刚刚有炭灰飘进了锅里,弄脏了米饭,丢掉又不好,所以我抓来吃了。"孔子叹息道:"按说应该相信看见的,但是它并不一定可信;应该相信自己的心,而自己的心也不可以全信。你们记住,要了解一个人不容易啊。"

同样地,当其他人反馈孩子的情况给我们时,我们要先提醒自己,那是对方的角度。我们也可以从中立的角度去看待问题,多与孩子沟通,结合时空角了解真实情况。例如:

长辈说孩子很调皮,那么家长先觉察,这是长辈的角度,先了解长辈觉得孩子调皮的行为是哪些。因为长辈很多时候期望儿童听话、可控,超越了这些期待的行为都被认为是调皮。

我们现在已经学习了不要问题,要目标效果,那么如何实现效果呢?
NLP重要信条:凡事必有三种以上的解决方法。
当人只有一种选择时叫没选择;
有两种选择时,是左右为难;
有三种或以上的选择,才是选择的开始。
Sunny4岁时,有一天他在做思维训练题,有一道关于风筝卡在树上该如何取下来的题目。我用凡事必有三种以上的解决方法去引导他,结果他说出了八种方法:用梯子爬、用椅子垫高、爬树、用棍子挑、用直升机、刮大风、人叠人、用网球扔等。

只要相信一定有办法,就能找到解决方案。**重复旧的做法,只会得到旧的结果。**当我们过于在乎问题本身时,就会错过其他的机会。例如:当我们发现孩子不爱吃蒸鸡蛋时,还有什么方式做鸡蛋呢?可以炒、煎、煮等。

5岁以上的孩子向家长提问时,家长不要急于给答案,用凡事都有三种以上解决方法的思维去反问,刺激孩子思考。

同样地，如果某一天我们感觉很沮丧、很绝望时，提醒自己凡事必有三种以上的解决方法。除了自寻短见外，还有其他选择吗？当自己的情绪可控时，就会发现解决问题的方法很灵活、很有弹性。日常可以不断地向孩子渗透这个理念，让孩子明白，这世界并不是非黑即白，还有许多的可能性。

推荐视频：《语言的魅力》

 扫码关注我的微信公众号，回复"心流16"观看本节推荐视频

心流感悟

养成负面语言正面表达的习惯，对"从不完美的事件中捕捉完美的行为"进行刻意练习，能大大提升大脑的正面思维能力。有了"人的某种行为不应直接定义整个人"的认识，就不会随意给他人贴标签。常用"凡事必有三种以上的解决方法"的信念，能拓宽孩子的思维，让孩子的思想蓝图更开阔。

作业

请将下面的词语用"不够"或者"还可以更"加上反义词表达。例如：小气——还可以更大方。

丑——

差——

慢——

内向——

暴躁——

调皮——

马虎——

粗鲁——

　　请用比较式的思想和语言去描述孩子的某个行为或优点。多用"更加""特别""比以前""越来越……"等词语。

_____

_____

_____

　　📖 优秀作业

@helei

丑——不够漂亮，还可以更漂亮；

差——不够好，还可以变得更好；

慢——不够快，还可以更快一些；

内向——不够活泼，还可以更外向一些；

暴躁——不够冷静，还可以更平和一些；

调皮——不够听话，还可以更听话；

马虎——不够细致，还可以更仔细；

粗鲁——不够礼貌，还可以更礼貌。

　　宝宝又长本事了，四肢比以前更加灵活了，爬行动作越来越标准，速度越来越快了。

@superH

丑——还不够漂亮；

差——还可以更好；

慢——还不够快；

内向——还可以更活泼、更开心一点；

暴躁——还不够冷静；

调皮——还不够安静；

马虎——还可以更仔细一点；

粗鲁——还可以更斯文一些。

今天比昨天做得更快、更好了，你一天比一天更认真了！

@sunnylily

丑——不够美，还可以更漂亮；

差——不太好，还可以做得更好；

慢——不够快，还可以再迅速一点；

内向——不够活泼，还可以再开朗一些；

暴躁——还可以再冷静些；

调皮——还可以再乖一些；

马虎——不够认真，还可以再努力一些；

粗鲁——不够温柔，还可以再斯文些。

孩子上个星期做作业时间明显缩短，比起刚开学时的糊里糊涂，现在每天我一下班，他来开门的时候就会清楚地告诉我他还有什么内容没有完成，目标非常明确，一天比一天有进步了。

实战案例

@毛毛妈：孩子都5岁了，还不能很好地、彻底地分床睡，担心他太过于依赖妈妈。反思了一下：是不是平时跟他的亲子关系不够好，他想多亲近我？这是爱我的表现！

@小徐：最近宝贝上创意课还是不能全神贯注，但2岁不到的孩子能这样我该知足了。偶尔会把桌上的塑料垫反复翻起，我不会像以前那样在他耳边提醒他别这么做，而是引导他关注老师或者索性让他开一会儿小差。

@谭健：今天是周日，上午带兄妹俩去医院复诊。到医院已经是10点，周末看病的孩子特别多，我们足足等了1.5个小时才轮到。换作以前我会烦躁，抱怨医院人多，排队等待时间太长。学习了5R后，我觉得责任在于自己没有做好准备工作，下次就诊应该提前一天在网上预约。

@ying：每天下班回家后我要抓紧时间做晚饭、陪宝宝、哄睡、收拾屋子，坐下来的时候很想跟宝宝爸爸抱怨一下劳累和没有时间。转念一想，谁会愿意在难得的空闲时间听抱怨的话呢，还是有机会让宝宝爸爸自己体验吧。

@大嘴丸子：前几天刮大风，本来冬天就够干燥少雨了，大风一吹，到处都是静电灰尘，难受难受真难受。顶着大风赶到仓库，发现有人拿着高压水管在洒水，白色的水雾在阳光下居然形成了一道彩虹。很久没见过彩虹了，瞬间脑洞大开：原来刮风天洒水是可以造彩虹的。抱怨果然解决不了问题，得想办法、想办法、想办法。

沟通的技巧：好好说话就这么简单

第1节　先跟后带：轻松与孩子达成共识

前面几章介绍了不少大脑的运作模式，以及不少调整我们心态和思维的方法。这一节介绍一个实战方法：先跟后带。

在建立亲和力的章节中已经探讨过如何先跟对方的话语，现在我们继续深入学习其他技巧。**在肯定对方说过的话语后，接着去肯定对方的情绪。**这也是建立同理心的一种表现，先融入对方的情境中，感受对方的情绪，让对方感到同频，从而拉近彼此的距离。这是"跟"的第一步，跟对方的情绪。例如：

孩子被人误会了，家长说："你现在觉得很委屈，对吗？"

晚上11点，孩子哭鼻子，说："我还要看书！"家长说："我感受到宝宝现在有点不开心。"

孩子看到房间很暗，不敢进去，家长说："宝宝看到房间暗，心里觉得不舒服，对吗？"

晚上伴侣回来说："辛辛苦苦做了一个多月的方案，老板居然说停就停，气死人。"我们可以说："哦，一个多月的努力就这样被停止，的确让人觉得不爽。"

除了肯定对方情绪外，**还需要在先跟后带中，去肯定对方的正面动机。**我们说话、做事，都源于动机。虽然有些人说话不中听，但可能是为了对方好。也有些人很努力去做事了，但效果却不尽如人意。这时，如果能得到他人的肯定，就如雨后彩虹，让对方的心情豁然明朗。这是"跟"的第二步，跟对方正面动机。例如：

孩子深夜11点还要看书，家长可以肯定他背后的动机："我知道宝宝是个好学的孩子。"

朋友向你抱怨，说昨天与先生吵架，因为先生凌晨3点才回，其间却一直都没有打电话回来。其实朋友是出于关心先生，很在乎先生的安全，才会生气。

在肯定对方的正面动机后，我们去肯定对方看问题的角度。同样一件事，一句话，站在不同的角度，就会有不同的理解，很多误会都由此而生。角度互换，对于正确理解对方的话语具有重要的作用。这是"跟"的第三步，跟对方看问题的角度。例如：

孩子深夜想看书，家长不妨跟孩子的角度："那本书很好看，里面的画很漂亮，爸爸也喜欢看，也知道宝宝想要爸爸陪着看。"

孩子不肯练毛笔字，家长问："现在对写毛笔字有什么想法呢？"

朋友抱怨先生晚归不打电话回家，我们可以这样说："是啊，如果我是你的话，也会有点担心。"

刚才介绍了几个"跟"的技巧，接下来是如何"带"。跟的目的是带，带是引导对方向自己希望的方向发展，带有三个目的。

第一，收集更多的信息资料，以便找到问题的真正原因。例如：

孩子不肯写毛笔字，家长说："写毛笔字有什么感觉呢？"

朋友说先生晚归不打电话回家，我们说："感受到你还是有点生气，请问你和先生吵架的原因是什么呢？"

第二，引导对方把焦点放在寻找方法上，而不是问题本身。之前介绍了问题与效果，当我们不想要问题时，要的则是目标效果。例如：

孩子不肯写毛笔字,家长问:"那宝宝现在想做什么呢?"

朋友说先生晚归不打电话回家,我们说:"感受到你还是有点生气,那么你想如何处理呢?"

第三,说服对方接受自己的观点。例如:

孩子不肯写毛笔字,家长说:"妈妈以前学写毛笔字,刚开始时也觉得有点不适应,后来妈妈坚持下来,字越写越漂亮了。"

朋友说先生晚归不打电话回家,我们说:"感受到你还是有点生气,我也遇到类似的情况,后来发现不仅问题没解决,而且搞得更麻烦了。"

小结一下,先跟后带的步骤:
1.跟对方的情绪;
2.跟对方正面动机;
3.跟对方看问题的角度;
4.带出共赢的新方向。
我们来看一些综合性的先跟后带的案例。
首先就以孩子深夜想看书为例,这是Sunny4岁时的真实个案。

首先,我接纳Sunny的情绪,说:"我感受到宝宝现在有点不开心。"

然后,跟Sunny背后的正面动机:"我知道宝宝很好学。"

之后,认可Sunny看问题的角度:"我也觉得那本书很好看,图片很漂亮,我也知道宝宝很想让爸爸陪着看。"

最后,带出新的解决方案:"现在已经11点了,要不爸爸明天早点起来和你一起看,由你来挑书,好吗?"

再列举一个案例。

孩子说:"我想养一匹马。"

如果家长直接否定,会打击孩子的积极性,不利于孩子的成长。可以换一种方式:

家长先跟孩子的话并发问:"哇,你想养马啊,什么原因想养马呢?"

孩子说:"如果我有一匹马,我可以带它到街上走,带它去吃草,我会很爱它的。"

家长肯定孩子的动机,说:"你喜欢动物,证明你很有爱心。"

然后带领孩子往新的方向思考:"如果你想养马,要先学习养马的知识,可以去图书馆或网络上搜索,或者现在可以先从尝试养一只兔子开始。"

Sunny4岁左右时,有一次,家人让他去洗澡,他不愿意。当我走进他房间时,他很生气地说:"爸爸走,你是印度人!"

我就想,你这小家伙,又想让我成为超级爸爸了。我很平和地笑着对他说:"你是爸爸的儿子,爸爸是印度人,你是哪里人?"

Sunny不说话。我接着问:"你想让爸爸走去哪儿?"

Sunny说:"北京!"

我说:"噢,我们的首都啊!爸爸很想去,那要乘坐什么交通工具呢?"

Sunny说:"飞机!"

我说:"好啊,爸爸乘坐完飞机后把机票给你,好吗?除了乘坐飞机外,还可以乘坐什么呢?"

Sunny说:"火车。"

我说:"哇,好啊,刚好前段时间开通了广州到北京的高铁,爸爸也很想去试一下。除了坐火车外,还可以坐什么呢?"

Sunny说:"自行车!"

我说:"不错啊,爸爸可以考虑买一辆自行车骑行去北京,好玩——还可以坐什么呢？"

Sunny想了想，然后笑着说："独轮车。"

我说："哈哈，好有创意啊！要不我们洗完澡后，爸爸上网找独轮车的视频陪你一起看，好吗？"

Sunny说："好啊！"然后，他就去洗澡了。

一个小时后，我再与Sunny沟通："刚才爸爸听到宝宝发脾气时，爸爸也感觉不开心。下次宝宝觉得不开心时，除了发脾气外，还有其他的方式吗？"

Sunny说："可以聊天。"

我说："好啊，那么我们以后多聊天，好吗？"

Sunny很爽快地说："好啊！"

孩子每次的挑战，都是让我们向超级家长的方向迈进一步。

再介绍一个著名教育家陶行知当小学校长时的案例。

有一天，他看到一个男生用泥块砸自己班上的同学，马上命令他停止，并令这位男生放学后到校长室里去。

放学后，陶行知来到校长室，这个学生已经等在门口了。一见面，陶行知就掏出一块糖给他，说道："这是奖给你的，因为你按时来到了这里，而我却迟到了。"学生吃惊地接过糖。

然后，陶行知又掏出一块糖，放到学生手里，说："这块糖也是奖给你的，因为我不让你打人时你马上住手了，这说明你很尊重我，我应该奖励你。"那位学生更诧异了。

陶行知又掏出第三块糖，塞到他手里，说："我调查过了，你用泥块砸那些男生，是因为他们不遵守游戏规则，欺负女生。你砸他们，说明你很正直善良、有勇气，应该奖励啊！"

这位男生流着泪，后悔地说："陶校长，我错了，我不该用泥块去砸他们。"陶行知先生又给他一颗糖，说："你已经认错，我们的谈话也结束了。"

推荐视频：《同理心的力量》

 扫码关注我的微信公众
号，回复"心流17"
观看本节推荐视频

❤
心流感悟

先跟后带犹如下水救人，先进入对方的世界，让对方潜意识得到尊重和认同，建立良好的亲和力，再带领对方到新的共赢目标。整个过程以柔克刚。

✏ 作 业

孩子已经吃了五块巧克力了，现在还想继续吃，他哭着说：我还想吃。请你用先跟后带的方法与孩子沟通。

题目1：肯定对方的情绪。（例如：我感受到你……）

_____

_____

_____

题目2：肯定对方的正面动机。（例如：我明白……）

_____

_____

_____

题目3：肯定对方看问题的角度。（例如：我看得出……或我知道……）

_____

_____

_____

题目4：带出新的方向。

_____

_____

_____

📖 优秀作业

@小千

题目1：妈妈现在感受到和和有点不开心。

题目2：你吃了五块巧克力，说明你胃口很好，喜欢吃甜的。

题目3：妈妈也觉得巧克力很好吃，很甜，妈妈也想吃。

题目4：吃甜的东西过多，牙齿会长虫子，牙会疼，就吃不了更多好吃的东西。我们今天先不吃巧克力了，我们去漱漱口、吃点水果吧，好不好？

@Sharon-赖

题目1：我感受到你现在很渴望再吃点巧克力。

题目2：我明白你太喜欢吃巧克力了。

题目3：看得出你吃巧克力时非常开心和享受，你体验到美食的快乐了。

题目4：吃过午饭后，你再吃两块——挑你喜欢的口味，怎么样？

@潜水鱼

题目1：不让你吃这么甜的巧克力，你很伤心，妈妈看到了。

题目2：巧克力的味道真好，好吃得有点停不下来。

题目3：像你一样，遇到自己喜欢的事情，我也会想一直做下去。

题目4：可如果巧克力吃太多，把牙齿吃坏了，以后就没法再吃这么好吃的东西了。所以我们每次少吃点，保护好牙齿，妈妈就可以给宝宝吃更多的好东西，好不好？

@秀红

题目1：妈妈发现咚咚有点不开心了。

题目2：咚咚还想吃巧克力吧，巧克力确实好吃呢。

题目3：巧克力确实好吃，咚咚对味道的判断很准确。

题目4：如果咚咚吃太多巧克力，就会给蛀虫提供很多营养。这样蛀虫就会在我们牙齿里挖很多通道，在里面放好多食物，牙齿就会很疼，还有可能需要拔牙哦。咚咚要保护好自己的牙齿，尽量少吃甜食，每天最多吃一小块。

@Hedy

题目1：噢，原来宝宝还想吃呀，巧克力真美味！

题目2：宝宝是不是觉得巧克力既好吃又可以填饱肚子呢？

题目3：妈妈像你这么大的时候也超级爱吃！

题目4：宝宝还记得那个牙齿小怪兽吗？它这会儿可是很开心呢。我们要消灭怪兽，快来漱漱口，把它冲跑吧！

实战案例

@Grace：吃完中午饭，我对女儿说：宝贝，一起去睡午觉吧。女儿对我做了一个鬼脸后走开了。好吧，肯定还想玩。等我洗了碗，收拾好东西，已经两点了——平时这个时候她已经熟睡了。我再对女儿说：宝贝，一起去睡午觉吧。她还是没有搭理我。我没有生气，说：那妈妈去睡午觉了，你自己玩吧。说完，我进房间关门了。女儿见状，马上也进房睡觉了。

@kee：当女儿第三次用手打我的时候，我沉默了——不说话，只是看着她。我深吸了一口气，告诉她："我和你的情绪状态都不太好，我现在需要离开5分钟，等心情变好了再来和你聊。"女儿也没哭闹，强忍着泪水留在房间里。5分钟之后，我发现女儿趴在地上画画，我也冷静下来了，重新和她对话。我问："现在想好要和妈妈说什么了吗？"她轻轻靠了过来，说："我想要妈妈留在房间陪我。"我张开双手，抱了抱她，说："好，妈妈很愿意与你一起。"有时候哭闹和生气其实是她求关注的表现，并不是她脾气很坏，或许我可以和她约定一个愉快一些的求关注方式。

@王慧杰：宝宝每天早上起床后，都会拖很久才去刷牙洗脸。我们吃过饭上班后他才吃饭。以前我催好多遍，现在我会让他自己安排。起床后，他会说："妈妈，过5分钟我再刷牙洗脸，好吗？"我会尊重他。过了一会儿，我会提醒他时间到了。虽然他动作很慢，但是不会不动了，在慢慢改变中。

第2节　赞扬的技巧：不说"你真棒"，而是描述行为

也许大家听说过赏识教育，那怎么赏识才有效呢？每个人都希望得到认可，孩子也一样，赞扬和鼓励能使孩子更加自信，充满力量。作为家长，我们要尽量避免用评价性的赞美，例如"你真棒""你真聪明"。因为这些都是空泛的词语，孩子不知道自己棒在哪里，聪明在哪里。而且这种夸人格的词语，如果经常说，会给孩子造成压力，孩子会觉得自己配不上这种赞美，因而逐渐变得害怕失败，经不起挫折。

另一方面，如果孩子不断收到的都是"你真聪明"之类的赞扬，会让孩子盲目自信，以致自负，当他们以后遇到困难时，就会逃避，因为他们不想出现与"聪明"不相符的结果。而自信是来自不断的自我欣赏，是内在价值高的表现。那么，我们该如何赞扬孩子呢？这里我列举五个方法。

第一个方法是因果式，这与之前提及的重定因果的方法类似。例如：

孩子拿到了全勤奖，很开心。家长说这是因为孩子每天早起，自觉吃早餐，上学准时，所以自然就获得全勤奖，这一切都是孩子努力的结果。

先生问太太："要不我们换辆新车吧。"

如果太太觉得也不错，可以说："你为了这个家不断努力工作，让我们家的日子过得更好了，我支持你。"

相信先生听到后心里也会甜滋滋的。

第二个方法是结合理解层次，注意要先描述行为，然后再升级到能力、价值观和身份等方面。例如：

家长和孩子一起去超市购物，孩子帮忙把东西提回家。

家长可以先描述行为：孩子帮妈妈提东西。

提升到能力的说法：孩子现在的力气越来越大了。

提升到价值观的说法：孩子很有担当精神。

提升到身份的说法：孩子正在成为一个小大人了。注意表达身份时要恰当，不能随便戴高帽。

如果在后面加上自己的感受会更好：妈妈好开心，谢谢你。

先生在家帮忙清洁房间。

太太可以先描述行为：看到老公今天打扫了房间。

提升到能力的说法：老公扫地扫得很干净。

提升到价值观的说法：老公很爱干净。

提升到身份的说法：老公是孩子的好榜样。

然后加上自己的感受：爱你，亲爱的！

综合来说：先描述行为，然后认可能力或价值观，再上升到身份。例如：

孩子做算术题很快做完，而且全部都做对了。

家长说："孩子做作业速度很快，而且很仔细，是一个自觉的孩子。"

第三个方法是用照相机的方式去描述，注重细节，加上我们的感受，从而使孩子产生自我对话的内容。例如：

孩子唱了一首歌："两只老虎，两只老虎，跑得快，跑得快……"

家长说："跑得快，跑得快……爸爸听到老虎跑得很开心啊。"

孩子可能就会很开心地重复："跑得快啊，跑得快。"

孩子帮忙洗碗。

家长说："我看到宝宝洗了3个碗、2个勺子、4个碟子，还有2个

锅，洗得好干净，而且地面上没有任何水迹。能告诉爸爸你是怎么
做到的吗？"

孩子听了，也许就当起小老师，滔滔不绝地进行介绍。

先生送了一本限量版的书给太太。作者正是太太非常喜欢的，
书上还有作者的亲笔签名。

太太说："这本书我期待很久了，很难买到——而且上面还有
作者的签名，好开心啊！亲爱的，你是怎么做到的？"

第四个方法是，对于比较小的孩子，家长可以把描述出来的行为
总结为一个词，通过简单易懂的描述，让孩子理解一些好的形容词。
例如：

家长说："爸爸看到宝宝每天都是7点起床，很准时。"

家长说："我看到宝宝每次答应爸爸的事情都能做到，很守
承诺。"

家长说："爸爸看到宝宝已经学会了自己洗澡、洗头、自己收
拾衣服，很独立。"

Sunny小时候每次做完捣蛋的事情，我都会问："这是谁做
的呢？"

Sunny说："我做的。"

我问："什么原因这样做呢？"

Sunny于是陈述原因。

我说："好坦白。"

Sunny开心地说："好蛋白。"（粤语"坦"和"蛋"发音
相近）

第五个方法是便条的力量。

当孩子能认识一些文字时，我们也可以通过写一些小纸条给孩

子的方式，把赞美、感谢的话都写进去，然后放在孩子的床头、书包里，或者贴到冰箱、大门等一些容易看见的地方。有的时候文字比口头表达更有效，纸条会给孩子很大的鼓舞。

写纸条时可以从不同的身份角度去描述。例如：

从自己的角度。写给孩子：爸爸看到宝宝很自觉地把书包收拾得很整齐，爸爸很开心。

从对方的角度。写张纸贴在电视机上面：亲爱的孩子，在看电视前，想一想，我做完作业了吗？

从第三方的角度。例如：爸爸要出差几天，花盆里的花说：每天有人浇水的话，我会更漂亮。

介绍完赞扬的五个方法后，再说说要注意的几个问题。

第一，赞扬时使用的语言多用"你"或者"你们"，让对方知道这一切荣誉都是他的功劳。例如：

你这次写的字很工整。

宝宝读书越来越流利了。

第二，可以适当配合"为什么"，在发问的技巧中，建议在了解对方原因时，多用"什么原因"代替"为什么"。"什么原因"是中性词，让对方听起来更加舒服——什么原因早餐没吃完呢？什么原因要把家里的灯都关掉呢？

而"为什么"是带有指责语气的——为什么早餐没吃完呢？为什么要把家里的灯都关掉呢？

同时，"为什么"也是个双向词，当"为什么"与形容词结合时，能起到加强效果的作用。例如：

家长说："为什么你洗碗可以洗得那么干净！"

家长说："为什么你现在跳绳那么厉害！"

第三点很重要，**赞扬时要看着对方，对人不对事**。同时注意在表达的语气、语调上要带有欢乐的情绪，也可以适当配合一些身体的接触，例如拉着孩子的手，抚摸他的头等。

日常生活里，我十分喜欢去请教孩子，无论他如何说都接纳他、鼓励他。这样的方式让孩子倍感自豪，而且也增加了他对事情的主导权。

下面有一些简单的赞扬的话，可以配合本章内容，灵活使用。

我就知道你能做到！

你今天确实做得很好！

真的谢谢你！

继续加油努力！

我很感激你的帮忙！

你已经有很好的开始！

这正适合你。

我以你为荣。

这正是我说的好事。

你真是我的得力助手，没你不行！

你办得到的！

我很喜欢那样。

今天做得比平常好！

你快要做到了！

你学得真快！

你真是好帮手！

那件事你做得真好！

你做得很顺手嘛！

你这么快就想出来了？！

你想出办法了！

记性真好呢！

你已经有把握了！

你还记得呢！

你真的懂事不少！

推荐视频：《称赞孩子要有道》

扫码关注我的微信公众
号，回复"心流18"
观看本节推荐视频

心流感悟

　　用心觉察孩子的行为，真诚地赞扬与鼓励，能提升孩子的自尊心，打开他们的内心，帮助孩子成为自己想成为的样子。每个孩子终其一生都或多或少地在寻求父母的认同，赞扬能让孩子感觉到家长是很在乎他们的。

作　业

　　题目1：孩子做了某样家务，请你赞扬孩子。先描述行为：

_____

_____

_____

_____

_____

　　题目2：再通过理解层次升级：

_____

_____

_____

_____

📖 优秀作业

@潜水鱼

题目1：妈妈一打开门，宝贝就给妈妈准备好了拖鞋，谢谢宝贝啊！

题目2：宝贝会帮妈妈做事情了，真是妈妈的小帮手啊！宝贝长大了一定是个体贴、善解人意的姑娘。

@小千

题目1：妈妈看见和和把玩具都收拾整齐了。

题目2：和和能够把玩具分类整理，方便取放，说明和和做事有规矩、有条理，是家人学习的好榜样，妈妈觉得好开心！

@helei

题目1：哇，妈妈发现家里有一个好的变化——鞋柜里面的鞋子码得好整齐！这是宝宝在帮妈妈收拾屋子呢！

题目2：通过宝宝帮妈妈收拾鞋柜，妈妈发现宝宝的观察力很强，每双鞋子都配对了，而且摆放得很整齐，宝宝真是一个爱整洁、做事认真的孩子，是妈妈的好帮手！

@Caroline

题目1：我看到宝宝把自己的玩具洗了。

题目2：洗得真干净啊！宝宝真是一个讲卫生、会照顾玩具的好孩子——现在是一个大哥哥了！妈妈真开心。玩具都在跟你说：谢谢你哦。

@如瑜得水

题目1：宝宝一个人把原来有很多污迹的厨房和客厅的地板拖得干干净净。

题目2：宝宝很爱干净，讲卫生！你还是一个爱劳动的小女孩，能够帮妈妈做力所能及的事情。妈妈很开心，感觉到你长大了，慢慢变成了一个有独立能力的好孩子。妈妈爱你！

✈ 实战案例

@小千：照相机式赞美——宝贝，今天早晨闹钟一响你立马就起来了，而且还叫妈妈赶快起床帮你找衣服。然后你自己穿上衣服，洗脸刷牙，还督促妈妈快点出门，早早地来到幼儿园。宝贝早晨起床表现得特别棒！

@李芳：今天上了围棋课，孩子很开心，回来把老师让他摆的棋局摆给我看。他教我在学校里学到的知识，老师奖励他2张卡片，他把所有卡片放到一个盒子里（其实这件事我都没在意过，好粗心的妈妈）然后数盒子里有多少张卡片。我问这些都是围棋课得到的卡片吗？他说跆拳道和围棋课都发了卡片。爸爸直接夸他很厉害。和钟老师学习NLP后，我知道了有更好的沟通方式。我问他："怎样才能得到老师的卡片呢？"他说："完成老师的任务。"我问："怎样才能完成老师的任务呢？"他答："认真听老师讲啊。"我说："哇，继续保持哦。"

@小干：我和宝宝在吃瓜子，有零星的瓜子皮掉地上。宝宝说："妈妈，你一会儿扫一下地。"我答："好的。"宝宝说："谢谢妈妈。"我说："你真是一个有礼貌的小朋友。你也可以帮助妈妈扫一下地，做一个帮助妈妈的小能手。"吃了一小会儿，宝宝主动去厨房拿出扫把、簸箕清扫瓜子皮。同时，我也觉得该拖拖地了，于是起来拖地去了。（身份认可，引导主动担当；同时也督促我更好地做好榜样）

第3节　鼓励的技巧：鼓励过程，而非结果

通过先跟后带，我们与孩子建立了亲和力，然后基于目标给予孩子调整的方向或者鼓励孩子去挑战。在鼓励时要注意几点。

第一，比较好的效果是：我们**先认可对方两个方面，然后再给建议，而且建议是基于可以做得更好的方向。注意多用"同时"，避免使用"但是"**，因为"同时"是在原来的基础上指出可以更好的地方，而"但是"是对之前的肯定进行推翻。例如：

孩子将自己做完的作业拿给家长看。家长看后，觉得书写还可以改善。

如果家长说："看到宝宝能独立完成作业，但是字写得很潦草，下次写工整点吧。"前面的赞扬就都被后面的"但是"否定了。

另一种表达方式是："看到宝宝自己完成了作业，完成的速度也不错，如果同时能把字写得工整点就更好了。"

孩子刚唱了一段歌给家长听，家长可以说："哇，刚才我听到宝宝唱歌，有高音有低音，唱得很动听，下次能唱完整首歌就更好了。"

第二，给建议时多用"越来越""更加"。在孩子不完美的行为中发现闪光点。这里要注意：只和孩子自己比较。例如：

孩子学骑自行车，摔倒了几次，然后说不想再学。我们可以在孩子骑车的过程中发现亮点，例如说："我看到宝宝骑车把手握得很紧，脚踩得很灵活，如果同时头能向前方看就更好了。"

通过强化孩子的好行为，以及好行为的不断重复，形成习惯，最后成为信念。这里要注意，**如果孩子有了好的行为，家长马上给予奖励，这是贿赂。**孩子开始时可能愿意去做，到后面就慢慢失去兴趣，不再行动了。**更好的方式是有条件的同意，**让孩子通过自己的努力去

累积，到一定数量时才能得到快乐，当然这个数量需要家长和孩子达成共识，这便是延迟满足。那么，孩子会更加地珍惜这份快乐。另外，我们要奖励的是孩子的行为或者过程，而不是结果。例如：

有些家长对孩子说，这次期末考试如果进入前20名就去吃西餐，前15名去海洋公园，前10名出国旅游。这种方式容易给孩子带来压力，而且当孩子达不到家长的期望时，往往会自责，会对自己失去信心。慢慢地，以后就不愿意行动了。

更好的方式是鼓励过程。例如：

美国哈佛大学曾经做了一项研究，他们把三万名学生分成两组，第一组按结果来奖励——按照考试成绩对学生进行奖励；而第二组对过程进行奖励，例如每看完一本书，就得到一次奖励。最终的结果是，对过程进行奖励的那组学生不但压力小，成绩好，而且在后来取消奖励后，也能保持阅读的习惯。

在奖励方面，精神奖励往往比物质奖励更有效，例如：

家长无条件陪孩子一个小时；
家长陪孩子多看三个故事；
购买图书，由孩子来挑选；
让孩子挑选餐厅，大吃一顿；
一家人去看电影或者旅游；等等。

这些都是很好的精神奖励方式，通过精神奖励，能让孩子的内心更充实，充满幸福感。

第三个鼓励的方式是结合"不要问题，要目标效果"的原则，引导孩子将焦点放在有效的目标上。例如：

孩子说："我的数学很差。"家长可以将正面的目标配合"如何""怎样"来进行发问，可以说："我听到你说数学暂时学得不够好，那么怎样做才能把数学学好呢？"

如果孩子迟到了，家长问："什么原因迟到呢？"
优化一下："什么原因不能准时到达呢？"
再优化一下："如何才能做到准时到达呢？"

孩子说："我今天忘记带作业，被老师批评了。"
家长说："看到你今天被老师批评，心情有点低落，那么以后如何才能带齐东西呢？"

这样的发问，能引导孩子去思考未来的改进方向。
当我们想让孩子配合去做一件事情时，如果能把做这件事情带来的好处讲清楚，那么对方会更有动力。例如：

老师对学生说："关门！"这是命令式，对方哪怕做了，心里也不爽快。
倘若换成："请关门。"这样有礼貌些，不过带有祈使语气。
如果改成："请把门关上，让大家可以更安静地听老师讲课。"这样的效果就好很多。

第四，结合"凡事都有三种以上的解决方法"的原则，去引导孩子不断打开思路。通过不断重复的认可和发问"还有呢"去挑战孩子。例如：

家长问孩子："宝宝，圆形的物体有哪些呢？"
孩子说："轮胎。"
家长说："对，反应好快！还有呢？"
孩子想了一下，说："眼珠。"
家长说："对，对，眼珠也是圆溜溜的。还有呢？"
孩子说："月亮！"

家长说："哈哈，每月的农历十五，月亮就特别圆——还有呢？"

……

这样的发问能引发孩子不断地思考，不断挑战想象力。同时切记：不能一味地问"还有呢"——对方会觉得我们在盘问，很快失去回答的兴趣。

对于大一点的孩子，当孩子问家长时，家长可以反问，例如：

孩子问："为什么晚上人要睡觉？"
家长说："挺有趣的问题，你觉得呢？"

孩子问："为什么轮子是圆形的而不是方形的呢？"
家长说："对哦，是什么原因呢？"

有时，我们也可以引导孩子去拓宽自己的思维模式。例如：

孩子说："怎么我们家养鱼老是会死呢？"
家长说："嗯，我和你去问一下水族馆的老板，好吗？"

孩子想到楼下玩，但是楼下大堂的门很重，他推不动。
孩子问："爸爸能帮一下我吗？"
家长说："可以啊！大门重宝宝力气不够，想想除了找爸爸外，还可以找谁来帮忙呢？"
孩子说："找保安叔叔。"
家长说："对啊，宝宝很灵活。"

有一次，Sunny想自己喝酸奶，可是酸奶盖子很紧，不好打开。
Sunny问我："爸爸能帮我打开吗？"
我说："可以啊！除了爸爸帮忙外，宝宝想想，还可以用什么方法打开酸奶盖呢？爸爸提醒一下，如果能用工具钻个孔，那就容易多了。"

Sunny想了想，说："用牙签。"

我说："对啊，试试看。"

Sunny就自己去尝试。很快他就把盖子撕开了，非常满足地喝起了酸奶。

因此，当我们判断孩子有足够的能力去寻找资源时，不妨让孩子自己去找到解决方案，他们会更有成就感。

第五个方法是结合第四点"肯定孩子的思考能力"之后，鼓励孩子做出选择。如果孩子还比较小，可以列举方案，让孩子选择。例如：

孩子说吃完饭想玩家长的手机。

家长说："嗯，宝宝吃完饭，可以玩手机。你想玩5分钟还是10分钟呢？"

孩子不愿意洗澡，家长笑着说："宝宝希望爸爸5分钟后来给你抓痒，还是自己去洗澡间洗澡呢？"绝大多数情况下孩子就会自己去洗澡了。

这里的发问属于封闭式的发问，只提供有限数量的选择。对于大一点、能自我思考的孩子，家长可以用更开放式的问句。例如：

孩子问："爸爸，今天去哪里玩？"

爸爸说："宝宝想去玩，自己有什么想法呢？"

孩子："去公园吧。"

爸爸说："公园不错啊，挺好玩的——还可以去哪儿呢？"

孩子说："去图书馆！"

爸爸说："嗯，那去图书馆吧，图书馆有很多书看呢——还可以去哪儿呢？"

孩子说："哦……去骑自行车！"

爸爸说："好啊，骑车可以锻炼身体——宝宝说了三种方式，你觉得哪个最好呢？"

孩子说："去图书馆吧。"

爸爸说："那么，我们何时出发呢？"

孩子说："现在吧。"

上面介绍的过程称为教练式的发问方式，它的组成包括了：

1．你要什么目标？

2．你有什么方法？

3．还有呢？

4．这些方法中哪个最好呢？

5．什么时候做到？

例如，有家长问："我想帮孩子报培训班，但不知道报什么班好，能给一些建议吗？"

我问："请问，您想培养孩子哪方面的能力？"

对方说："艺术方面吧。"

我说："不错，从小培养艺术方面的修养确实很重要，那么你觉得培养艺术修养可以学些什么呢？"

对方说："学画画。"

我说："嗯，可以通过画画表达自己的内心感受。还有其他的方式去培养吗？"

对方说："弹钢琴也不错。"

我说："是啊，弹钢琴能提升一个人的乐感。还有其他吗？"

对方想了想，说："学芭蕾舞也挺好的。"

我说："对，芭蕾也是不错的，锻炼肢体协调。您已经说了三种方式，那么接下来您要如何做呢？"

对方说："谢谢您！我回去和宝宝商量一下，看他选择哪一个。"

到这里，教练过程结束。整个过程我们只是以一个发问者的角色去让对方自己找到答案，而且因为这个答案是对方自己找到的，所以会更有意愿去行动。引导对方找到答案还有一个很重要的好处：让对方对事情的结果负责。例如：

你是公司的管理层，如果下属问你："现在有两个推广方案，一个是地推，一个是线上传播，你觉得哪个好呢？"

如果你选择了地推，经过了三个月，业绩不佳，当你去了解时，对方可能就会说："这可是你当时的选择呢！"这样，对方就把责任推出去了。

那么，更好的方式是，问对方两个方案的优势和劣势在哪里，然后在目前的资源下你认为选择哪个方案更容易达成我们的目标。这样，就引导对方去作出决定，也让对方对自己的选择负责。

Sunny 5岁的一个周末，一大早他就来问我："爸爸，今天去哪里玩？"

我说："你说呢？"

Sunny说："如果我们在东莞，我想去类似松山湖的地方。"

我说："生物岛。"

Sunny问："除了生物岛外呢？"

我说："瀛洲。"

Sunny问："除了瀛洲呢？"

我说："二沙岛。"

Sunny问："好，你觉得哪里最好玩？"

我说："你认为呢？"

Sunny说："我先问你的，爸爸快说。"

我说："生物岛。"

Sunny问："我们几点出发？"

我深深感受到儿童的学习速度真快，把我平常对他发问的方式都用上了。当时我就把这段对话发了朋友圈，有朋友留言，说这是"以牙还牙"。

NLP的一个核心是模仿卓越，孩子的期望和梦想都值得我们去支持和鼓励。我们可以通过因果关系，让孩子找到达成梦想的因。例如：

孩子说："我想到火星上去住。"

家长发问，了解动机："好啊！到火星住有什么好处呢？"

孩子说："火星上可能有恐龙，我想去看恐龙。"

然后了解达成目标的方法："好啊！那么，宝宝觉得如何才能上去呢？"

孩子说："我要当宇航员。"

家长说："当宇航员很酷，可以坐火箭呢！那么，怎样才能成为宇航员呢？"

孩子说："我要锻炼好身体，读好书。"

最后去了解孩子的行动计划："那么，你打算平时如何去锻炼身体呢？"

孩子说："每天都去跑步。"

到这里，我们已经感受到孩子行动的决心了。

如果孩子说："我要当乞丐！"

减少对孩子想法的否定，家长可以问："什么原因要当乞丐呢？"

孩子说："可以坐着就有钱收了。"

家长问："是啊，他们坐着就能收钱；但同时，他们每天也只能在路边吸着汽车尾气，忍着风沙，下雨还要找地方避雨，每天与蟑螂一起睡……你愿意吗？"

孩子说："那我不愿意了。"

家长问："那么，宝宝觉得除了这样赚钱外，还有其他方式吗？"

这样，家长接纳了孩子的思想，引导孩子从因的角度去看问题，让孩子对自己负责，同时给予孩子更多的思考角度。作为家长，要多支持孩子的梦想，并把梦想转化为行动力。例如我们之前举过的例子：

孩子一开始对学钢琴有兴趣，可是学了几次后就不想继续了。家长可以带孩子去听音乐会，去欣赏钢琴大师的表演。

可以问孩子大师演奏得好听吗，问孩子是否想成为大师那样的人，再引导孩子感受大师在台上演出，得到观众掌声后的喜悦。

如果能引导孩子说出来，那么就问他接下来要如何做，这样孩子以后练琴就不单纯是练习弹奏，也许是为了一个梦想。

另外，日常与孩子交流时，多分享成功人士的故事，以及父母或老师从失败中学习到的经验。让孩子不断模仿卓越人士的行为和信念，不断前进。

推荐视频：《永不放弃》

扫码关注我的微信公众
号，回复"心流19"
观看本节推荐视频

♥
心流感悟

　　鼓励不以结果为导向，是一种尊重和信任，意味着家长承认孩子的每一份努力和进步，对他们会取得最终胜利有信心，关注孩子在朝目标迈进的过程中取得的进步，而非失误。

✏️ 作 业

题目1：想象孩子做了某件事，例如唱歌、画画、弹琴、写作业等。描述孩子做得好的一个细节，再描述这件事中孩子做得好的另一个细节，给出可以做得更好的建议。（提示：用"如果……就更好了"或者"可以做得更好的是……"）

_____

_____

_____

题目2：通过教练式发问去引导孩子加强时间观念。例如家长要和孩子一起乘坐飞机，请发问引导孩子思考：如果到达机场时迟到了会导致什么后果，问孩子是否想要这个后果；如果不想要这个后果，要如何做才能做到准时？

_____

_____

_____

📖 优秀作业

⊙ 题目1

@彭婷：

描述一个孩子做得好的细节：宝宝画画完成得挺快，整体还不错。

再描述这件事中孩子做得好的另一个细节：看姐姐画的，颜色涂得很漂亮。

给出可以更好的建议：如果宝宝也能把颜色涂得再仔细一点就更

好了。

@胡改之：

描述一个孩子做得好的细节：孩子画汽车特别专注认真，从车子构型到具体部位，再到方向盘、雨刮器等细节，都是一笔一划，细致地去构思、下笔。

再描述这件事中孩子做得好的另一个细节：画汽车时懂得联系日常的观察，警车、救护车、消防车的结构功用不同，警报灯的三种颜色都能画出来。

给出可以更好的建议：画汽车时，用完水彩笔，马上盖上笔帽，把水彩笔放回盒子，就更好啦。

⊙ 题目2

@helei：

妈妈：宝宝，如果我们比预定时间晚到机场的话，会怎么样？

宝宝：那我们就有可能搭不上飞机了。

妈妈：如果我们搭不上飞机，就看不到你喜欢的大象了哦。你希望我们迟到吗？

宝宝：我不想迟到。

妈妈：如果宝宝不想我们迟到的话，打算怎样做呢？

宝宝：明天早点出门。

妈妈：那怎样才可以早点出门呢？

宝宝：早点起床。

妈妈：那怎么样才能保证早起呢？

宝宝：今天晚上早点睡觉。

妈妈：宝宝说得很对，那我们今天讲完这个故事，就睡觉，好吗？

宝宝：好的。

@小徐：

宝宝，如果我们晚出门就会晚到机场，接下来会有什么影响？

晚到机场会错过飞机，你就不能去北京爬长城了，你真的不想去吗？

想要准时赶上飞机，我们应该怎么做呢？

@谭健：

我：宝宝，如果因为我们做事拖拉导致没能准时到达机场，你觉得接下来会怎样呢？

孩子：我们坐的那架飞机已经起飞了！

我：好，我们没坐上飞机，预订好的机票只能浪费了，我们只能改天再去旅游了——你觉得这样好吗？

孩子：不好！

我：如果你不希望发生这种情况，那么你觉得我们要如何做才能准时到达机场呢？

@潜水鱼：

我们现在坐出租车去机场，如果我们迟到了，我们还能坐上去海南玩的飞机吗？

飞机飞走了，我们没坐上，不能去海南玩了，你愿意吗？

要想准时坐上去海南的飞机，我们来想想有什么好办法。

✈ **实战案例**

@小千：

妈妈：今天早晨又起晚了吧？什么原因起晚了？

宝宝：因为起来有点困，就又睡了一会儿。

妈妈：什么原因起来困？

宝宝：因为昨晚睡得太晚了。

妈妈：那要怎么办？

宝宝：晚上早点睡，要是起来还有点困，你叫我。

妈妈：那几点睡呢？

宝宝：八点就去洗脸刷牙，九点睡觉。

妈妈：这样吧，八点半去洗脸刷牙，九点就要准备睡着，像楼上的小姐姐一样。

宝宝：好吧。

妈妈：那什么时候开始执行呢？

宝宝：今天晚上，不，明天晚上吧——今天我们要去玩滑滑梯。

妈妈：玩完滑滑梯回家还挺早，可以从今晚开始早睡，我们看看明天早晨起床还困不困。

@sunnylily：昨天早晨娃忘记带语文作业袋，打电话叫妈妈送过去，下午放学路上我们的对话：

妈妈：难怪今天早晨书包轻了很多，原来语文袋子没装上啊。

娃：是啊！

妈妈：你语文袋子没带，今天出现了什么情况啊？

娃：我发现了，马上告诉老师，老师叫我到办公室打电话给妈妈。

妈妈：你发现没带语文袋子问题很严重，所以知道想办法解决。怎么做才能不再出现这种情况呢？

娃：我有个办法，把语文书和作业分两个袋子，这样就不会全部忘记带了。

妈妈：让我们再想一下，有没有办法可以避免以后出现漏带书本、作业到学校的现象。

娃：（想了一会儿）我有一个办法，就是必须专心地收拾书包。

妈妈：你说得很好，专心地收拾好书包再去做其他的事情。还能不能想到其他办法呢？

娃：还有就是，收拾好了我再检查一下——每个作业袋都装进去了，就是全部收好了。

妈妈：非常好，先专心地收拾，装好了再检查一次，这样就可以做到万无一失了。

妈妈：如果收完书包再把书桌上的东西全部物归原位，桌子上干净整齐，就更好了。

娃：这样就肯定不会漏掉了。

妈妈：是的，我们今晚就按照你总结的办法来做，怎么样？

娃：好的。

@梦想飞：放学回来，儿子趴在电脑前面，看上去很不开心。我走过去，抱着他，问："宝宝今天怎么啦，是在幼儿园被老师批评了吗？"

他摇头。我又问:"是肚子饿了吗?"

他还是摇头,我继续问:"那是什么事让宝宝不开心?告诉妈妈,看看妈妈能不能帮到你,好吗?"

他还是不说话,但用手指了指电脑。以下是我们的对话:

我:哦,原来你是想玩电脑,对吗?

儿子:是,我想玩一下游戏。

我:为什么想玩游戏呢?

儿子:因为哥哥给了我一个账号,我想玩。

我:嗯,我知道游戏好玩,但是要是你被游戏里的人物迷住了,你吃饭、上课、睡觉都在想着它,这样好吗?

儿子:不好。

我:对,那样你就会吃不下饭,听不进去课,什么都不想做,你想变成那样的人吗?

儿子:不想——妈妈我不玩游戏了,我出去找哥哥姐姐玩。

第4节　批评的技巧：情绪可以接纳，行为必须规范

对于7岁前的孩子，在他们犯错时，如果无关安全和道德，作为家长要尽可能避免去批评孩子。因为孩子再"坏"的行为，都不会是专门针对家长的。而且，如果家长总是关注问题本身，会发现孩子越来越多的问题。如果我们不想要问题，那焦点就应转移到如何寻找解决的方法上。因此，如果孩子犯错，更好的方式是对事不对人。在理解层次中的行为层面，孩子做错事，只是行为在某个时空角下无效而已。这里必须注意：一定不能上升到行为层次以上，因为这样会给孩子严重的"三无信念"。例如：

孩子拿杯子喝水，不小心把水洒了。

如果家长说："都读幼儿园了，拿杯水都拿不稳。"这是在责怪孩子的能力不够。

如果家长说："衣服刚换啊，你能小心点吗？"这样孩子就感觉衣服干净比自己重要。

如果家长说："你真是个小笨蛋，别喝了！"这就直接上升到了身份层面。

7岁前的孩子不小心犯错时，他们内心已经知道自己错了，他们需要的是得到家长的理解和支持。家长更好的做法有以下几种。

做法一：平和地把事情描述出来。例如：

孩子拿杯子喝水，不小心把水洒了。家长说："哦，我看到宝宝拿杯子没拿稳，水洒了。我们换件衣服，别着凉了。以后小心点就好了。"

这样就表达了对孩子的理解和关爱，传达了身体比物体更加重要的信息。

孩子洗完手，忘记关水龙头了。家长说："宝宝，我看到水龙头在哗啦啦地流水。"

孩子出门前忘记关房间灯，家长说："你的房间还是很亮哦！"

做法二：有些时候孩子还不明白一些道理，家长需要给予明确的方向或选择。例如：

孩子回到家，就把鞋子扔到一边。家长说："我看到鞋子被放到一边，它们说很想住在鞋架上哦。"这里用了之前学习的假借式的描述方式。

孩子把玩具扔得满地都是。家长说："我看到地上有很多玩具，它们还没回家呢，听说在等着宝宝送它们回家呢。"

如果孩子说："爸爸帮我收拾。"

我们学习过避免形成孩子的无价值思想病毒，减少说否定的表达，家长可以说："好啊，爸爸可以收拾，只是爸爸会把玩具放到其他地方，到时宝宝想玩就找不到玩具了。"

家长带孩子去超市购物，孩子推着购物车很兴奋，在超市里奔跑。家长追上孩子，停下来与孩子沟通："爸爸知道宝宝觉得推车很好玩，同时在超市里用这么快的速度推会撞到其他人。现在爸爸给你选择：要么和爸爸一起慢慢地推，要么宝宝坐在购物车里，爸爸推着走。"

做法三：有时孩子也会有明知故犯的情况出现，我们先表达自己不满的感受，然后引导孩子换位思考。例如：

长辈在看电视，孩子抢过电视机遥控换台，看动画片。家长指正了几次都无效。

那么，家长可以先跟："我知道宝宝喜欢看动画片，那个动画片的确也挺好看的。"

再带："同时爷爷在看电视。爸爸已经和宝宝说过要问过爷爷才能换台，爸爸看到宝宝这样有点不高兴了——如果下次宝宝看动画片时，爸爸拿遥控器换台，宝宝开心吗？"

做法四：让孩子明白这样的行为产生的后果，将由他自己去承担。例如：

孩子早上赖床一阵子后起来，慢悠悠地洗漱。家长说："我们七点半准时出门，出门前你没吃饱早餐，如果饿了要等到几点才有饭吃呢？"

孩子说："到中午才有饭吃。"

孩子喝完水，水杯盖子没盖，家长说："我看到杯子打开了，一会儿蟑螂爬进杯子里洗澡，你回来时就要喝它的洗澡水。"

孩子马上把杯子盖上了。

有一次，Sunny在餐厅里的几张凳子上跳来跳去。我不想让他影响其他人，便用教练式对话和他说："我看到宝宝像兔子一样跳来跳去好开心，如果一会儿踩空了，会怎样？"

Sunny说："会摔倒。"

我说："是啊，你想摔倒吗？"

Sunny说："不想。"

我说："那你要怎样去做呢？"

Sunny说："不跳了。"

有一次，Sunny刷牙后洗手间地面上都是水。我问："谁能告诉我，洗手间为何湿漉漉的？"

Sunny说："我刚才做实验，测试竹蜻蜓在水里能不能动。"

我说："这么好玩，演示给爸爸看看。"

Sunny兴致勃勃地给我演示。

我说："真的很好玩，是什么原理呢？"

Sunny说："叶片遇到水的阻力，然后旋转了。"

我说："对。爸爸支持你做实验，同时我发现地面湿了，怎么办？"

Sunny说："拖地。"

然后，他拿起拖把干活去了。

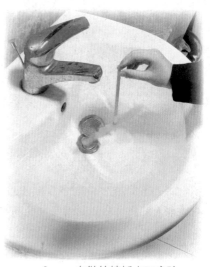

Sunny 在做竹蜻蜓水下实验

很多妈妈问我，1.5岁以上的孩子总是不吃饭怎么办。我的解决方案是等孩子休息后，把孩子的所有监护人召集到一起开家庭会议，统一意见。一般情况下，孩子如果过了吃饭时间不吃或没吃完，那么直至下一顿用餐时间才能吃东西。其间不能吃任何食物，只能喝水。而且平时要控制好零食的提供。只要大人们一条心，孩子经历几次挨饿后，就会乖乖"就范"。

做法五：在涉及安全和道德的情况下，家长要先采取行动，然后再按情况进行以上的步骤。**情绪可以接纳，行为必须规范**。孩子小的时候还不知道什么可以做，什么不可以做，他们会通过自我体验的方式去学习。因此给孩子定规矩时，要注意三点。

第一点，信号必须明确。按照行为的界限分为三个区：

绿灯区：家长与孩子都认可并鼓励的行为，例如帮忙做家务。

黄灯区：不被认可，在某些时候可以容忍的行为，尤其是当孩子能力还没达到时导致的失误，或者是在紧张和压力大时产生的失误等。例如孩子被其他人批评了，很愤怒，破坏了植物。又如孩子吃饭时拿碗不够稳，碗摔到地上破了。

红灯区：无论如何都不能容忍的、必须禁止的行为，包括各种危害家庭利益、身体健康、公共道德的行为。例如孩子突然跑到马路上去，或者跨越阳台的栏杆等。

第二点，立原则性规矩时，需要给予明确的方向和理由。例如：

你不能推弟弟，但可以推扭扭车。

汽车上的开关不能动，但你可以动自己的玩具小汽车。

过马路不能直接跑过去，你得看交通灯变绿时再过去。

天黑了不能一个人去公园，需要家长陪同，或者你可以在家里玩。

第三点，定规矩后，家长心中要做到内方外圆。定规矩时，家长的语气一定要坚定。坚定的语气是一种严谨的态度，既要体现家长的自尊，也要保护孩子的自尊。同时家长心里要有尺度，大部分时候都严格按照规矩去执行，同时执行时也看情况灵活变通，因为规矩是死的，人是活的。有些规矩如果标准太高，孩子难以适应。可以给孩子一些时间和空间去成长。

做法六：找解决方案，与孩子沟通时多用"我们"。这代表着家长和孩子一起去面对问题，共同去找解决方案，共同承担。例如："我看到宝宝拿水杯不小心洒了，我们一起拖干净地面，避免滑倒，好吗？"

这里尤其要注意避免使用"你"，因为这样会让孩子觉得都是自己的错，家长没责任，容易产生对立的情绪。另外，批评孩子时要注意以下几点：

1．人多时不适合批评，孩子也要面子；

2．吃饭时不适合批评，会影响食欲；

3．睡前不适合批评，因为孩子会带着负面情绪入睡，影响睡眠质量；

4．批评时不翻旧账；

5．孩子做了无效的行为，家长不指出，这是纵容，孩子会以为这样的行为是家长允许的，以后会继续做；

6．多用"什么原因""怎么办""如何做"等表达。

日常，我看到Sunny恶作剧时，都会平和地询问是谁做的，什么原因要这样做。Sunny也会很诚实地表达。然后我会先认可他的坦诚，表达他行为背后的正面动机，然后再讲道理。

多年来，我用这些方式和Sunny沟通，发现地很愿意坦诚表达。有些家长说孩子几岁就开始撒谎，原因往往是孩子想逃避大人的惩罚，无法面对说真话的后果。因此，想避免孩子撒谎，首先家长要无条件地接纳孩子，从负面行为中寻找正面的意义，这样才能建立和谐的沟通关系。

推荐视频：《教会孩子说Sorry》

 扫码关注我的微信公众号，回复"心流 20"观看本节推荐视频

❤ 心流感悟

情绪可以接纳，行为必须规范。小树不修不成材，家长如果能在小树苗成长的阶段，给予好的浇灌和恰当的修剪，它们将来就能长成参天大树。

✏️ 作　业

孩子帮忙拿着从超市买回来的鸡蛋（装在袋子里），孩子把袋子甩了几圈，鸡蛋飞出去，摔破了。请你与孩子沟通。

_____

_____

📖 优秀作业

@舒庭：我看到宝宝帮妈妈拿鸡蛋了，宝宝现在力气越来越大，也越来越有担当了，能帮妈妈干活了。妈妈很开心，谢谢你。同时妈妈也看到你甩袋子把鸡蛋甩出来摔破了。也许你觉得甩袋子很好玩，是吗？同时鸡蛋破了，地上有很多鸡蛋液，别人容易滑倒。下次帮妈妈拿鸡蛋的时候怎样才能不摔破呢？

@helei：

妈妈：我知道宝宝很想帮妈妈分担家务，所以才抢着帮妈妈拿鸡蛋，对吗？

孩子：是的。

妈妈：你接过装鸡蛋的袋子，是什么原因要去甩它们呢？

孩子：我发现它们都圆乎乎的，很可爱的样子，就想玩甩甩的游戏。

妈妈：生鸡蛋壳很薄，里面又是液体，你一甩，它们互相碰撞是很容易碎的。碎了以后，里面的蛋液流出来，很脏；而且这样我们就没法吃它们了哦……

孩子：哦，对不起，我下次不这么玩了。

妈妈：没关系，你能及时承认错误并改正，就是妈妈的好孩子。

@秀红：妈妈知道咚咚想帮助妈妈，咚咚很懂事。如果咚咚学会拿鸡蛋的方法就更好了——鸡蛋容易碎，我们要小心，甩的话很容易破的。咚咚掌握方法了，下次再帮助妈妈提鸡蛋好不好？这次不要难过了，我们一起把鸡蛋收拾干净吧。

@鲭鲭：妈妈知道宝贝是想帮助爸爸妈妈提东西。可是鸡蛋很脆弱，很容易摔碎，鸡蛋会摔得很疼的。我们以后小心地提着它，好吗？

@彭婷：妈妈看到宝宝很乖，能主动帮妈妈拎购物袋，妈妈很开心。同时，下次把袋子拎稳不甩，特别是在放了鸡蛋这种易碎东西的时候，好不好？

@kee：妈妈见到鸡蛋从袋子里飞出去了，然后摔在地上，变成一堆蛋浆，你觉得我们现在应该拿什么工具处理呢？我知道鸡蛋摔碎了你也不开心，那么我们看看为什么鸡蛋会掉出来，找出原因，防止以后再发生同样的事情。好吗？

@潜水鱼：看，鸡蛋变成"坏蛋"了！我听见袋子里的好鸡蛋在说："小魔术师，我不想变'坏蛋'，我想变成宝宝的美味晚餐，你能帮助我吗？"

🛩 实战案例

@小徐：我是一名老师，给学生开会时，面对一群没有规则和纪律观念的学生，我没有大声呵斥，反倒压低声音，手上比划着，来回走动，嘴里说着："安静。"持续了几分钟，他们真的停下来了。我接着说："对于你们刚才的行为，我不想骂你们，这是对你们的尊重，接下来也请你们尊重我。"立马有学生说："好！"

@Grace：晚上在外面吃饭，女儿吃完吵着要下来玩。没想到，她一下来就像脱缰的野马，到处乱奔。我告诉自己别生气，对女儿说只可以在饭桌周围玩，不可以走出我的视线范围。自从学了NLP后，我不强迫女儿做事，一直学着引导她。

@小徐：宝宝现在特别喜欢攀爬，常常在不经意间就爬上了饭桌，还会以一种胜利者的姿态呐喊摇摆，让人看了着实替他捏把汗。家里人看到，都会使劲拽他或者直接将他抱走。我会对宝宝说："你可以爬，但是要妈妈、爸爸、奶奶、姥姥或者姑姑在身边的时候，有人陪着才可以爬，好吗？"他满口答应。

第5节　达成沟通目标：善用"归类法"找分歧，达共识

我们经常以为文字有固定的意思，其实不然。词语的意义更多来自我们生活的经验。同样的文字对于不同的人可能有不同的意义。

NLP中的归类法，是将我们的经验重组为大画面或者拆分成具体的细节，是基于理解层次衍生出来的技巧。归类法由三方面组成，包括上堆、下切和平行。

首先，上堆是把个别事件扩展到一般事件，也可以看作是理解层次的上移。例如：

从广州市开始，上堆是广东省，然后是中国、亚洲、地球、太阳系、银河系、宇宙。

从面包车开始，上堆是汽车，然后是燃油车、交通工具。

上堆可以让我们看到大的方向，而不被琐事困扰。例如：

有一次，我参加一个团队训练的活动。活动中需要团队表演节目。一开始大家都在讨论每个人有什么技能，例如唱歌、跳舞、相声之类；然后再谈论唱什么歌，怎么跳舞……讨论了半个小时都没结果。后来我问大家想带给观众什么样的体验。大家想了一下，讨论不到2分钟就定下来——方向是快乐的、激情的、有爱的。然后我们就沿着这个方向，按照大家的能力去安排节目。最后表演的效果也完全达到了我们的目标。通过上堆，引导团队从行为层面上升到价值观层面，找到人们普遍认同的地方，达成共识。

结合理解层次，举个例子：

孩子在地铁上给老人让座。家长说：看到孩子为老人让座，很尊重老人，是一位有爱心的孩子。

孩子帮忙晾衣服。家长说：看到孩子把所有衣服都晾了，越来越有担当了，是家里的好帮手。

举例中，让座是行为，尊重老人是价值观，有爱心的孩子是身份。当我们去赞扬他人时，可以通过不断上堆的方式去肯定对方。

还记得我们之前说的夫妻吵架吗？当我们上堆时，会发现问题：吵架究竟是为了宣泄情绪，为了表达爱对方，还是为了更好的夫妻关系呢？这也是上堆结合理解层次的应用，让彼此能看到更高层次的关系。有时可以通过把问题的严重性放大的方式，去加强对方的重视程度。例如：

我曾经看到一位好友喜欢随地扔垃圾。我当时对他说："看你扔垃圾的姿势很潇洒，我相信孩子也学得蛮快的。作为一个负责任的爸爸，建议最好以身作则。当我们出国时，我们代表的不仅仅是我们自己，还代表什么人呢？"

他说："中国人。"

我说："对，不仅仅是中国人，更是所有华人。"

后来，我发现这位爸爸把这个坏习惯给改了。

同样地，也可以通过上堆发问来获知对方行为背后的正面动机，因为在能力以上都是潜意识部分。例如：

有人不敢上台发言。

我问："什么原因不敢上台呢？"

对方说："我不会演讲，而且担心自己讲得不好。"

我继续问："那么讲得不好带给你的感受是怎样的？"

对方说："我担心观众对我不认可。"

继续问："如果观众不认可的话，会带来什么呢？"

对方说："觉得没面子。"

好了，这里已经找到对方其中一个价值观所在：他是担心自己没面子。

小结：上堆能帮找方向，建立关系和达成共识。

接下来介绍下切。下切是让复杂的问题细化、简化，以便逐一处理。例如：

植物下切可以是水果，水果下切可以是苹果，苹果下切有苹果皮，苹果皮下切有细胞。

孩子说数学很难学。

家长问："数学的哪方面你目前还没学好呢？"

孩子说："减法。"

家长问："哪些题目呢？"

孩子说："第五页的。"

家长说："请给我看看，我们一起学习，好吗？"

孩子说："好啊。"

孩子说数学很难是个笼统的说法，通过不断下切，才能更清晰地找到他的困惑点。又例如：

先生说："出去吃饭吧。"

太太说："去吃什么菜呢？"

先生说："湘菜。"

太太说："好啊，去哪家湘菜馆好呢？"

先生说："附近商场里面的某一家吧。"

我们之前学过，在引导或批评孩子时，必须降低维度，把问题具体化，大事化小。

在刚才表演节目的案例中，当我们统一了带给用户的感受（处于价值观层面），然后就开始了解团队成员的表演能力，接着让大家安排表演的节目。这也是不断下切的案例。

下切对于找出人与人之间的分歧也是很管用的。例如：

员工说："我要辞职。"

HR问："什么原因要离开公司呢？"

员工说："公司制度太死板。"

HR问："哪方面的制度还不够灵活？"（"死板"重新表达为"不够灵活"）

员工说："晚上加班到11点，要写报告才能延迟第二天上班时间。"

HR问："的确是不够人性化，请问你尝试过向你的主管提出自己的想法吗？"

员工说："这个倒没有。"

HR说："我知道你的上司还是蛮通情达理的，不妨沟通一下。"

员工说："嗯，我先沟通，看看情况如何。"

HR说："好的，我也会向你的上司反馈情况的。"

下切对于我们目标的细分也很有帮助。例如：

有一次，我去辅导孩子的同学做期末创客设计。我一边讲述，一边在白板上书写。

这时，有学生说："老师，我不明白。"

我问："是哪个知识点不够明白？"

学生答："控制主机运动的知识。"

我问："控制主机哪方面运动呢？旋转、移动还是其他？"

学生答："旋转。"

我问："是主机旋转的硬件不会接，还是主机旋转的程序不会写？"

学生答："主机旋转的程序不会写。"

小结：下切可以帮我们更清晰地梳理事情，找出问题的分歧所在，让目标更容易实现。

再来讲平行。平行是指在同一层次或同一维度中去找到更多的可能性。我们之前说的凡事都有三种以上的解决方法，就是平行的应用。例如：

苹果属于水果的一种，那么除了苹果以外，还有香蕉、雪梨、西瓜等水果。

有人说每天回家很累，想学习又无法安心看书，那么可以引导对方：学习的方式除了看书外，还有什么呢？也许可以听语音、看视频等。

通过发问，可以带给对方更多的选择，也让对方发现更多的可能性。平行还有另外一个作用，就是使用比喻，让对方更好地理解。例如：

看到孩子跑步跑得很快，家长可以说："宝宝跑步像一匹小马那么快。"

小结：平行可以找到更多的选择，发现更多的方法和可能性。

下面结合上堆、下切和平行三方面来进行综合应用。例如：

孩子说："我要吃快餐。"
家长问："你喜欢吃快餐里的什么呢？"（下切）
孩子说："我喜欢吃薯条。"
家长问："除了薯条外你还喜欢什么呢？"（平行）
孩子笑了笑，说："我想要那个SNOOPY的公仔。"（找到孩子想去吃快餐的原因了）
然后家长开始上堆，说："嗯，我听到宝宝喜欢吃马铃薯和想要一个SNOOPY玩具。"（把薯条上堆为马铃薯，SNOOPY公仔上堆为玩具）

家长说："要不我们去西餐厅吃芝士土豆泥，然后我带你去书店看看SNOOPY的书，好吗？"（平行）

孩子兴奋地说："好啊。"

矛盾和谐地解决了。

从Sunny4岁开始，我就和他玩各种头脑风暴。例如我问：木头做的东西有什么？（下切）孩子回答了一堆后，我又问铁做的物品有哪些？（先平行，再下切）

有些家长问与孩子在一起时有什么话题好说。其实只要我们留意生活里的各种细节，通过归类法，亲子话题是源源不断的。

遇到分歧时，我们先判断分歧所在的层面，然后在更高的层面找到双方可以接受的共同点，再开始下切，引导对方在某个层面找到更多的选择。

通过归类法，我们也可以了解一个人的归类方式。例如：

有些人说话总是爱谈梦想、愿景、大框架，属于比较宏观的。那么，我们与他们沟通时，可以先迎合他们的归类方式，通过宏观的角度去切入。

另一些人讲话时很容易说到细节——如何做、谁去做等一些微观的方面。那沟通时就可以先从细节切入。

总体来说，如果一个人总停留在宏观上，容易导致不接地气，会有虚无缥缈的感觉；而总是从微观角度去看问题的人又容易沉迷于细节，缺乏大局意识。因此，我们要觉察自己惯用的归类方式，不时提醒自己**进得去**（微观），**出得来**（宏观）。

思维导图也是很好的归类法的示范，家长可以在孩子4岁左右开始教孩子认识和使用，对于提升孩子的逻辑分类能力、激发创意很有帮助。

推荐视频：《让你的生活更美好》

 扫码关注我的微信公众
号，回复"心流 21"
观看本节推荐视频

心流感悟

上堆：以高维思想，找方向，达共识。

下切：以低维思想，找分歧，解问题。

平行：以同级思维，多选择，多方法。

作 业

题目1：请想一个事物，然后上堆4次。例如：橙汁—橙子—水
果—植物—生物。

题目2：请想一个事物，然后下切4次。例如：橙汁—果粒—果
肉—细胞—细胞核。

题目3：请想一个事物，然后平行4次。例如：橙汁—苹果汁—西
瓜汁—芒果汁—木瓜汁。

　　妈妈曾经答应了孩子周日去公园玩，可是当天外面下雨，去不成了。孩子闹着要去公园，妈妈开始沟通。

　　题目4：把"去公园"进行上堆，先求得共识：

_____

_____

　　题目5：把"去公园"进行平行，以找到更多的解决方案：

_____

_____

📖 优秀作业

@如瑜得水

题目1：牛肉丸—牛肉—牛—哺乳动物—动物。

题目2：牛肉—牛肉丸—牛肉碎—脂肪—细胞。

题目3：牛肉丸—猪肉丸—鱼丸—羊肉丸—虾丸。

题目4：去公园—外出活动—玩—探索新事物。

题目5：去公园—去博物馆—去科技馆—去海洋馆—去电影院……

@潜水鱼

题目1：宫保鸡丁—菜—中餐—食物—能量。

题目2：宫保鸡丁—配料—调味料—盐——氯化钠分子。

题目3：宫保鸡丁—鱼香肉丝—四喜丸子—东坡肘子。

题目4：去公园是为了开心。

题目5：看电视—下棋—做菜。

@昌娣

题目1：鸡蛋—鸡—动物—生物。

题目2：鸡蛋—蛋清—蛋白质—氨基酸。

题目3：鸡蛋—鸭蛋—鹅蛋—鸽子蛋。

@小徐

题目1：台灯—灯—照明材料—电器类产品—商品。

题目2：台灯—灯管—T8元件—电容。

题目3：台灯—路灯—壁灯—吊灯—吸顶灯。

实战案例

@潜水鱼：宝宝不爱吃核桃。晚上，我拿出一块核桃仁问她像什么。她说："像牙齿、像脑子。"我说："对了，吃了核桃不但能让牙齿更坚固，还可以让脑子更聪明。我们一起变聪明吧。"宝宝开始津津有味地吃起来。

@鲒鲒：我拿着组装的玩具问儿子："宝贝，你看这个像什么呀？"

儿子说："像朵花。"

我说："哦，真的像朵花——还像什么呀？"

儿子说："向日葵。"

我说："哇，真的像向日葵——还有没有呢？"

儿子说："轮子。"

儿子的想象力越来越丰富了。以前我不会问儿子这种问题。一次偶然的机会听了钟老师的一节课，于是，我越来越喜欢问儿子这种问题了。

第6节 感知位置法：权衡各方，局外生慧

感知位置法是指对同一件事物，可以有多种不同的见地。换个位置，换个角度，就会有不同的见解、感受或态度，产生各种不同设想、感受或立场，从而做出最适合自己的理想抉择。

感知位置法

介绍四个不同的角度：第一个角度是我，第二个角度是对方，第三个角度是旁观者，第四个角度是系统。

如图中所示，如果从左边穿着深蓝色衣服的人的角度看，他是第一个角度；那么他对面穿天蓝色衣服的人是第二个角度；中间穿白色衣服的旁观者是第三个角度；而摄像头是第四个角度。

第一个角度是自己的角度：结合自己的信念、价值观和身份去表达，包括我们常常说的"我认为""我觉得""你应该""你不该"……例如：

我认为每天早上喝牛奶对身体会更好。

你应该多抽一点时间陪孩子玩。

这是通过自己的眼睛、耳朵等感官去感受世界。例如：

我看到宝宝今天动作比之前快多了。

我看到儿子最近写字更加工整了。

我听到孩子背文章很流利。

我觉得你这样做不好。

你不该大吵大闹。

从"我"开始负责任，我是问题的根源，我愿意改变，我能主导未来。因此，学过NLP的人要先给没学过的人让步。例如，团队出现了严重的争执，互不相让。这时可以从我们自己开始：我愿意在这里负什么责任，我会做出什么行动。这样往往会引导整体气氛积极向上。

人如果习惯于从第一个角度看问题，是有主见、有立场、有能力的表现，能主导事情，同时也会导致过于自我，给人一种固执、不顾及别人感受的形象。

第二个角度是对方的角度：结合对方的信念、价值观和身份去表达。例如：

你的意思是每天喝牛奶对身体有好处吗？
在你看来，陪伴孩子是很重要的。

这是从对方的眼睛、耳朵、感官去感受世界，用第二身语言来形容自己。这会给人有同理心、关心别人的感觉。语言中一般包含"我感受到你""我明白你""如果我是你"……平常我们说的感同身受就等同于第二身。例如：

我感受到你现在有点不开心。
我明白你受委屈了。
我明白你为了家庭不断工作，如果我是你，可能累垮了，谢谢你。

中国人往往都很谦虚，别人夸我们时我们习惯去否定。例如：

别人说："你真是一位有智慧的家长。"
一般人的回答："没有没有。"
这样直接把对方的观点否认了，会破坏了亲和力。更好的方式是说："谢谢，是因为你有眼光，才发现了我的优势。"
这样既承接了对方的观点，也认可了自己，让自己更有能量。

在我们前面分享的兔子用胡萝卜钓鱼的故事中，兔子没有从第二身的角度去理解鱼的需求，才闹出了笑话。

第二个角度的好处是有同理心，关心他人，在乎别人的感受，但同时个人立场也容易受别人影响，显得没有自我。

第三个角度是旁观者的角度：从旁观者的位置去看、去听、去感受自己与对方的关系，保持中立、冷静、无情绪。用描述式的语言，把自己代入观察者或见证者的位置，用第三个角度的语言来形容自己或对方。语言中一般包含"他""他们""那个人""有个人"……例如：

家长说："有个小朋友把玩具放在客厅的地面上，玩具在等他送自己回家呢。"

家长说："书柜里有本历史书刚才和我说悄悄话，它说好久没人请它出来讲故事了。"

用第三个角度时需注意我们是在描述情景，应该邀请当事人进入旁观者的状态。例如：

夫妻俩对话，语气越来越重，自我洞察后，马上进行ABC处理，然后对伴侣说："亲爱的，我们现在谈话的声音有点大，而且大家都带有情绪，孩子听到了对他有影响。"

化妆品的销售人员说这个产品很多顾客购买过，本来脸上有很多皱纹，用了之后，50岁的他们看起来像20岁似的，脸白白嫩嫩的。

有一次听到电台的主持人讲述新闻，就把第二身和第三身混淆了：

"今天下午有人抢劫银行被抓了，听说是为了孩子读书。你想过你这样做的后果吗？你为自己的孩子考虑过吗？"

这里的"你……你……你……"让人听起来很不舒服。如果用第三身，表达可以改为："今天下午有人抢劫银行被抓了，听说他是为了孩子读书。这个人想过这样做的后果吗？他为孩子的未来考虑过吗？"

这样听起来就舒服多了。

用这个技巧多去洞察，不断改变我们的沟通方式，可以让我们说的话听起来更加灵活、中立。

第三个角度的好处是处世冷静、有智慧，看问题比较客观。不足之处是作为旁观者比较冷漠、抽离，给人事不关己的感觉。

第四个角度是系统的角度。结合整个系统的角度，体会和了解团队和系统的利益如何整体平衡。语言中一般包含"我们""大家"等。

用第四个角度会产生群体思维和团队思维的全面角度，第四身就像一个摄像头一样，综观全局。

当孩子遇到问题需要家长配合时，可以使用"我们"，表示家长与孩子共同承担责任，共同面对。例如：

家长对孩子说："快过年了，我们一起打扫房子吧。"

家长说："作业先自己做，实在不懂的地方可以告诉爸爸，我们一起解决。"

看问题习惯于从第四个角度出发的人，能够顾全大局，照顾到各方的利益，不足之处是过于考虑整体，导致自己变得渺小，显得不重要。

介绍完从四个不同的角度去看事情，接下来举一些实际应用案例。

假设你是公司的行政人员，今天有一个同事迟到了，你需要和他沟通。

如果从第一个角度，那么你就会说："你迟到了。"对方感觉是被指责。

站在第二个角度的表达："如果你是我，看到有员工迟到了，你会怎么办？"引导员工换位思考，自我觉察。

站在第三个角度的表达："你想一下那些没有迟到的同事，他们会怎么看你今天的行为？"引导员工视野更开阔一些，站在其他人的角度去思考问题。

站在第四个角度的表达："如果今天有客户在公司，看到有人迟到，会对我们公司有什么印象呢？"引导员工从公司角度去思考，更有大局观。

从这个例子中可以看到，我们不断调整看问题的角度，不断拉宽自己或对方的视野，就可以自然而然地解决问题。任何情绪都是因为固定在某一个位置，调整位置就可以调整情绪。例如：

假设你是一位老师，上课时看到学生小明在说话，影响其他人。请看老师站在不同角度说话的区别。

第一个角度："小明不要说话，保持安静。"老师在指责孩子，这是从老师眼中看学生。

第二个角度："小明，我不想批评你。如果你是老师，你的学生上课说话，你会怎么做？"引导孩子换位思考。

第三个角度："小明上课说话，其他专心听课的同学会受到什么影响呢？"把孩子引导到从专心听讲的同学的角度去思考。

第四个角度："如果校长巡堂，看到学生吵闹老师没行动，校长会觉得这位老师是一位好老师吗？"引导孩子从校长的角度看全局，有概括性。

再分享一个古代的案例。春秋时期，齐景公非常喜欢养鸟，他让一位鸟官烛邹去管理他养的鸟。有一天，齐景公发现鸟飞走了，他很气愤，要把鸟官拉出去砍头。这时，大臣晏子说道："陛下，烛邹有三大罪状，请让我将他的罪状一一列出，然后再杀掉他。"齐景公说："好的。"

齐景公召见了烛邹。晏子在齐景公面前列数他的罪行，说：

"烛邹，你是我们君王的养鸟人，却让鸟逃跑了，这是第一条罪行，有这条罪你就该死，不过这是最轻的一条罪；让我们英明的君王为了鸟而杀人，这是第二条罪行，你说你该不该死；英明的国王因为鸟而杀人，诸侯和老百姓知道了，都会认为我们的国王是一个重小鸟轻世人的国王，这条罪你死一百遍都不够，这是第三条罪行。罪状列完了，请杀了他。"

齐景公说："不用处死他了，我明白你的指教了。"

在四个角度之外，第五个角度是游走于其他角度之间，平衡各方利益。通过在自己、对方及观察者位置不停游走，看问题更加智慧。从第一身出发，全力以赴，做到最好，活出承诺，这是卓越。而能够在自己、对方和观察者的位置不停游走，这是智慧。通常是通过三—二 — — — 四身的顺序去切换角度：首先抽离，冷静地、中立地观察，然后去体验对方的感受，接下来从我开始去负责，然后在系统平衡中找到共赢。举例：

市场部同事和产品部同事为了某个活动在会议中吵得很厉害，双方互不相让。现在假设我们是公司的高层，来模拟一下：

先抽离，从第三个角度（旁观者角度）："大家先冷静，我刚才看到两个部门的同事在激烈地讨论。"

然后到第二个角度："我明白你们都是为了公司的业绩更好，都很努力。"

接着到第一个角度："只是在刚才的讨论中，大家都带有情绪，这样的沟通效果无效。其实这次活动中我有分工不明确的责任，这是我下次要改进的地方，同时也请每个部门的同事说说自己在这次活动中负什么责任，将来如何改进。"

讨论完毕后，我们再切换到第四身："大家刚才都做了很好的自我总结，相信公司未来的业绩一定会因为有我们这么优秀的团队而步步高升！"

学习感知位置法，可以让我们体验不同位置的感受和关系，从而产生更多的可能性，更具创造力。

讲一个我和Sunny的例子：

Sunny发现广州市区没有快捷地铁线路直达机场。作为火车迷的他觉得一定要改变，于是他策划了几条线路，每条线路绞尽脑汁思考城区的覆盖，尽可能方便居民搭乘甚至中转其他高铁。他还考虑如何方便市民从机场快捷到达琶洲展馆。

觉得没有直达铁路，不方便，这是基于第一身的角度。

而设计线路则是从第四身角度去思考。

我看Sunny断断续续地弄了好几天，当他做好后，我就帮他反馈给了广州地铁微博号。神奇的是，2019年，广州市政府推出了机场高速捷运铁路方案，有一个方案与Sunny的建议很相似。我把这个消息告诉Sunny，他甜甜地笑了。

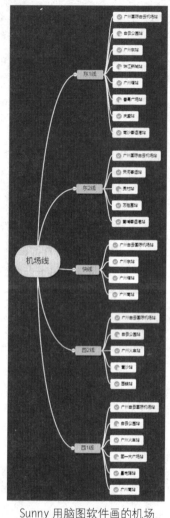

Sunny 用脑图软件画的机场
快线规划图

谢谢您和您的孩子！小编会把图转给业务部门好好研究，祝小朋友快乐成长！

广州地铁客服的回复

视频推荐：《你比你想象的更美丽》

 扫码关注我的微信公众
号，回复"心流22"
观看本节推荐视频

♥
心流感悟

感知位置法是从我、你、他、全局的角度去看事物。智慧在于能够在自己、对方和观察者的位置间不停游走，平衡各方利益。在任何系统内，最灵活变通的人拥有最佳的成功机会，是最能影响大局的人。

✏ 作业

假设刚才孩子在图书馆大吵大闹，现在你们到了图书馆外，你需要和孩子沟通，请从第一到第四身去引导孩子认识刚才自己的不当行为。

第一身（家长的角度）：

_____

_____

_____

第二身（孩子的角度）：

_____

_____

_____

第三身（旁观者角度）：

_____

_____

_____

第四身（系统的角度）：

_____

_____

_____

_____

📖 优秀作业

@helei：

第一身：妈妈看到你刚才在安静的图书馆里大叫，影响到了其他人。

第二身：你能告诉妈妈，你刚才为什么在图书馆里叫喊吗？你这么大声是否会影响到其他安静看书的人呢？

第三身：我看到有个孩子不明原因地在图书馆里大喊大叫，影响很不好，希望他自己能够意识到这一点。

第四身：孩子在图书馆里叫喊的行为很不好，除了孩子的父母有责任外，也希望图书馆在醒目位置张贴"安静阅读，禁止喧哗"的明文规定，给大家提个醒。

@小干：

第一身：你刚才在图书馆大吵大闹，真没礼貌。

第二身：宝贝，如果你是妈妈，看到自己的宝贝在图书馆吵闹，你会怎么说呢？

第三身：宝贝，图书馆专心看书的小朋友看到你大吵大闹，他们会怎么想呢?

第四身:图书馆是安静看书学习的地方,如果小朋友在里面大吵大闹的话,那还是图书馆吗?

@潜水鱼:

第一身:刚才你在图书馆里声音太大了,请你以后在图书馆说话小声点。

第二身:如果你在图书馆看书时有人大声说话,那么你还能专心看书吗?

第三身:如果别人在认认真真看书时听见一个小孩大喊大叫,别人会不会觉得被打扰了?

第四身:图书馆是一个安静看书的地方,如果人人都大声喧哗,那么这个图书馆还会有人愿意去吗?

实战案例

@橙子:家里的窗帘有一根被宝宝剪坏了,换作以前,我看到会很生气,并且会大声责备宝宝。听课后,我平静下来,问宝宝知不知道是谁剪的,请宝宝告诉那个小朋友,以后不要剪了,不然家里不漂亮了。宝宝点头,偷偷地笑,我也释然了。

@艳阳天:路上有人边走边看手机,走得很慢,挡住了自己的路。我以前很反感这种行为,现在觉得也许他有急事需要马上处理。

@萌萌麻麻:现在天气越来越冷了,早上叫孩子起床读书怎么叫都叫不醒。刚想发火,转念一想天这么冷,大人都起不来,何况是孩子。

@梦想飞:店里已经连续停了三天水了,虽然给我的生活带来很大的不便,但是想到那些工人们一直都在努力地维修,他们更辛苦。我只是不方便几天而已,心情便舒畅多了。

第7节　人类的沟通模式：因材施教，事半功倍

每个人都有自己接收外界信息的优先方法。NLP定义人类与外界联系有三种基本方法（也叫人类的沟通模式，有些人称为学习类型），包括视觉型、听觉型和触觉型。

很多时候我们并不知道自己在采用哪种方式沟通，因为这些都是潜意识的行为。同时人也不会只采用一种方式与外界沟通，大脑会根据外界的刺激，自动在三种方式中游走，同时也会选择一种优先模式。因此当我们遇到那些与自己优先模式相同的人时，会感到共同语言特别多，更容易接纳对方的意见和建议。同样地，当我们了解了自己孩子的优先模式，就能更好地与孩子沟通，并发现他们的禀赋，鼓励其成长。

首先介绍视觉型。视觉型的人优先用眼睛获得信息，因为眼睛的学习能力快，可以在同一时间里接收到多项信息。这类人在日常表达中，喜欢用看见、看来、展示、想象、模糊、清晰等词汇。他们爱望向上方，因为他们在看自己脑海中的图像。他们行动快，说话大声、有重点、简短，在乎事情的重点，不在乎事情的细节。他们喜欢从对方的肢体语言和表情中获取更多的信息，喜欢看着人说话，同时思维跳跃、善于联想，却又容易掺杂自己的想法，从而引起别人的误会。他们通常喜欢色彩鲜艳、线条流畅、节奏有变化、外形美丽的人、事、物，讲话的时候喜欢用手势，而且手势在眼睛水平以上，有时会触碰到眼睛。

如果你发现自己经常在街上看到一个人，明明认得他，偏偏想不起他的名字，那么你有可能是视觉型的。

如果你问对方三年后将成为怎样的一个人，对方吸一口气，在吸气的同时眼睛向上看，好像在上面找东西似的。过一会儿他找到了，就看回来了。如果对方经常都是眼睛向上看的话，那么他是偏视觉型的。

这种类型的孩子一般安静少动，从小比较听话，一般来说不做出

格的事，最听老师的话，最守规矩。他们可能喜欢画画，对画面的理解非常快；记性好，有过目不忘的能力；擅长发现细节，喜欢看图文并茂的书籍。他们生活比较有条理，穿着整齐，颜色搭配好，追求环境整洁。他们上课喜欢看着老师，喜欢看板书、PPT、视频，喜欢坐前排，听故事时喜欢家长配合动作。

视觉型的孩子上视频网课接受比较快。家长可以引导孩子通过思维导图整理日常学习的内容，多引导孩子把他们的想法画出来，有利于知识点的融会贯通。

另一方面，我们还可以通过观察，去了解孩子当下用的是怎样的方式在思考。例如问孩子：

今天早上吃了什么？

班主任的样貌是什么样的呢？

我们能看到孩子的眼球向右上方看，代表视觉回想，大脑在寻找过去所见的画面。

当我们问一些对方没经历过或者是对方编造出来的事情时，对方的眼球会向左上方看。例如，问家长：想象一下孩子结婚时会是怎样的呢？

同样地，当孩子撒谎时，眼球多半也会向左上方看。

视觉回忆时的眼球状态　　　　视觉创造、撒谎时的眼球状态

第二种类型是听觉型。听觉型的人优先采用耳朵去接收信息。他们讲话滔滔不绝，内容比较详尽，在乎细节，同时对周围环境很敏

感，无法忍受噪声。这种人往往口才好，善于表达，很会模仿，到了陌生的地方也能很快地学会地方方言。在和人交往的时候他们喜欢多说，但同时又是一个很好的倾听者。同时，这类人的思维多偏理性，做事按部就班，逻辑性强。他们与人互动时头部容易倾侧，或者用手托着脸部某个位置。他们通常唱歌有韵律，有节奏感，手脚爱打拍子，手势会在耳朵或口部附近，有时会触碰嘴巴。

如果你在街上遇到一个人，能记得见过这个人，更记得这个人讲过的某些话，那么你有可能是偏听觉型的。

如果问对方喜欢什么样的汽车，就可以看到对方的眼睛会向左或者右边看，因为耳朵在两边，他习惯了用耳朵去接收信息。

这种类型的孩子特别喜欢听，比较容易理解概念，喜欢讨论。交谈时他们未必会看着对方——也许看着某个地方，侧着身子，像在思考一样。因此可能会被一些老师误认为不专心，因为他们的眼睛东张西望，不看板书。相比视觉型的孩子，听觉型的孩子可能更活泼些。

有些听觉型的孩子认汉字会困难些，因为没有声音。家长可以配上一些朗朗上口的认字歌曲去辅助，把诗词编成曲子边读边唱也很适合听觉型的孩子。平常碎片时间也可以多给孩子播放一些音频节目，他们会很专心地去听。我一位朋友的孩子，听音频故事时，他总喜欢把播放速度调整为两倍速，复述故事也没问题。这类型孩子如果上网课，需要挑选一些比较会营造气氛的老师——讲话抑扬顿挫，语言幽默有趣。

同样地，我们也能通过眼球得知对方当下的思考方式。例如：

问对方高中时最爱听哪首歌，会发现对方的眼球向右边看。这时对方在用听觉回想，回忆过去听过的声音、语言。

如果问对方某一首歌的第一句是怎样唱的，对方的眼球也会有类似的变化。

如果问对方一种从未听过的声音，或声音的组合，例如大象说人话会是怎样的声音？对方的眼球则会向左边看。

听觉回想时的眼球状态　　　　　　听觉创造时的眼球状态

第三种是触觉型，触觉型的人通过感觉去认识世界，包括嗅觉和味觉。他们喜欢亲身体验，所以最好让他们去抓、去摸、去闻、去吃等。他们喜欢被别人关怀，注重感受、情感、心境。日常表达喜欢用"感觉""舒服""赶紧"等词语。他们不在乎好看和好听，重视意义和感觉，比较情绪化。他们行动稳重，手势缓慢，不善言语，往往需要分几次去表达一个完整的句子。他们做事比较慢，语速也慢。思考时低下头，手势在颈部以下，而且多把手放在胸前或腹部。

如果你在街上遇到一个人，记得见过这个人，关键是记得当时对这人的感觉，那么你有可能是触觉型的。

我们认识的人中，是否有些朋友很喜欢触碰人——譬如拍人的后背，搭人的肩膀等，这类人如果触摸不到对方会感觉不到与对方在沟通。如果这类人触碰不到对方，他们会触碰自己的身体。例如：

拍打自己的大腿；

手指互相摩擦；

抚摸自己的头发；

拿着某样东西转动；

他们的眼神一般向下，要把感觉调动出来。

这种类型的孩子不擅长从书本中获取知识，他们精力充沛，给人的感觉是坐不稳，看起来不专心听课，总在影响其他人。他们也经常被他人冠以"坐不住""多动症"的帽子。这不是孩子的错，他们只是觉得目前的学习方式不适合自己而已。这种类型的孩子运动时肢体协调，方向感强。他们不喜欢传统板书，也不善于表达，有些知识可能和他们讲半天都讲不明白。同时，一旦他们找到了能体验的学习方式，学习就飞快进步，例如手指操、打算盘。

触觉型的孩子因为太爱动了，所以多让孩子参与家务活，择菜、洗菜、炒菜。学习上家长要费点心思，多运用体育活动去教导。例如，孩子跳绳时让他们来数数，可以正着数，也可以倒着数。孩子讲故事时可以引导他们结合肢体动作，孩子做起来可能会有些夸张，作为家长，接纳就好了。这种类型的孩子最爱手工课、实验课、体育课，他们动起来时大脑最活跃，家长可以想办法在孩子的活动空间里粘贴知识点，让他们边玩边记忆。

触觉型的孩子上网课时会让很多家长头疼。建议家长不必规定孩子坐姿标准，例如可以坐在柔软的球形懒人沙发上，拿着PAD坐地上都没问题。允许孩子带一个不会解体的毛绒玩具，让他们边听边触摸。

观察一个人是否在自言自语或者是否在进行内在的思考，可以通过眼球观察到。例如：

请回想伴侣对你说过的让你感动的话；
请在心里哼一首歌。
这时他的眼球会向右下角看。

而当我们问：摸到婴儿的皮肤，有什么感觉？对方的眼睛就会向左下角看。心情不好的时候，眼球往往都会朝下看。

自言自语时的眼球状态　　　感受不同的感觉时的眼球状态

有些孩子以上三种学习类型都具备，他们只是在不同的场合自发选用更适合的学习类型而已。

Sunny在视觉+触觉方面比较明显，他做事比较优哉游哉，很讲究感觉。因此平时我在与他的谈话中会特意加入很多肢体动作，并且多描绘颜色的种类、鲜艳程度等。另一方面，在语言里也多使用引导感受性的词语，例如舒服、轻松、温暖等。日常也多引导他去用身体接触东西，感受其感觉。

孩子采用这样的方式去学习特别来劲。触觉型孩子做事比较慢，需要家长耐心地鼓励、欣赏；另一方面通过体育运动能很好地加快他们的办事效率。Sunny三年级时，老师说他做作业的速度比之前有了质的飞跃，我由衷地开心。相信我能做到的事情，你也可以，用心静待花开吧。

推荐视频分享：《人类的学习类型》

扫码关注我的微信公众号，回复"心流23"观看本节推荐视频

心流感悟

了解孩子的学习类型，有助于选择更适合孩子的教育方式。家长是孩子的第一任老师，因材施教要从家长开始，不能单纯地把任务交给老师。

✏️ 作　业

当你问对方问题时，对方的眼球是向上看的。请问：这时对方是通过哪种方式在思考？（提示：视觉、听觉或触觉）

_____

_____

当你问对方问题时，对方的眼球是向左右看的。请问：这时对方是通过哪种方式在思考？（提示：视觉、听觉或触觉）

_____

_____

当你问对方问题时，对方的眼球是向下看，请问这时对方是通过哪种方式在思考？（提示：视觉、听觉或触觉）

_____

_____

📖 优秀作业

@Sharon-赖

视觉、听觉、触觉。

✈️ 实战案例

@小徐：今天上生物课时，一个学生多次转身，手里拿着扫把的一根穗向后排的同学晃悠。我看见了，多次提醒无效，于是让他罚站。转念想起，他可能是触觉型的孩子，便让他拿着教具给大家展示。果然，他在后面的知识点背诵时轻松过关。

拥抱快乐，告别悲伤：帮助孩子和自己成长的方法

第1节　心锚：播下种子，收获成长

在我们的生活中，当我们一看见某些事物，便会油然兴起一些异样的心情。这种能刺激产生特别感觉的东西，不管它是好是坏，我们称之为"心锚"。

心锚是会触发某种生理状态的刺激。它具有正面和负面两种威力。

俗话说"一朝被蛇咬，十年怕井绳"，人类对危险的、恐怖的事，学习速度特别快，基本上一次就能记住。这是一种负面心锚。

有些运动员在比赛时，总要在手腕上戴特定颜色的护腕；有时乒乓球运动员比赛前，会特意给球拍吹气。因为运动员相信这样做能帮助他们专注，带来幸运。这是一种正面心锚。

通过建立与正面情绪联结的心锚，可以让孩子遇到困难时能够想到以前成功时的成就感，孩子就会充满想要学习的愿望和克服困难的勇气。

接下来介绍一些简单的技巧，教家长学习如何为孩子设置正面、积极的心锚。

有没有发现，当我们看到一些物体、一些人，或者听到一首歌、闻到一种香味，就会不由自主地联想到某些事情或者某个人，从而产生某种特殊的情绪状态。例如：

摸着结婚戒指时，想起了什么呢？

听到《新闻联播》的前奏，又想起了什么呢？

这就是我们日常说的触景生情。俄国行为心理学家巴甫洛夫每次给小狗们喂食时，都会摇响铃铛。这个过程重复多次后，即使没有食物，小狗只要听到铃声，仍会自动分泌唾液。铃声就成了一种心锚。

心锚连接着人的情绪和外部信息，与潜意识产生深层次的连接。心锚就像书签，可以在需要时调用设置心锚时的心理状态，让一个人在困境时获得更多的选择。

首先我们来学习心锚是如何安装的。

第一步：选择一个你希望孩子能经常体验到的正向心锚，例如快乐、自信等。

第二步：选择一个独特的方式去引发这份强烈的感受，可以是一个标志性的动作、一个表情、一句话、一段声音或者触摸身体的某个部位。

第三步：在孩子情绪高涨、感受强烈的时候去实施。

第四步：重复第三步，每当孩子出现强烈情绪时，就安装心锚并强化这个体验。

第五步：测试已经安装好的心锚，如果感觉还不够强烈，请重复第三步。

这里要注意，装心锚时我们不需要告诉对方我们在做什么，更不需要对方去了解什么叫心锚，最好是在自然的、不知不觉的情况下进行。测试的时候，家长最好悄悄地进行，如果一两次的效果不明显，不要紧，日常继续用同样的方式装心锚。

心锚分视觉心锚、听觉心锚和触觉心锚。

安装视觉心锚，是在孩子情绪高昂时，给予他一个标志性的动作或者表情。例如：

孩子特别开心的时候，我就在他面前做个鬼脸，而且每次他开心的时候我就做鬼脸，不断强化。当有一天孩子情绪低落，在哭鼻子时，我便做出和他开心时一样的鬼脸。孩子看到后哭笑不得，转哭为笑了。

除了正面心锚外，我还和Sunny建立了一个"黑脸"心锚。有时当他在外面恶作剧、小调皮时，我一瞪眼睛，把脸板起来——不用说话，他就明白爸爸对他的行为不满意了。

如果我们想给孩子一个自信的视觉心锚，那么每当孩子做了一些与自信有关的行为时，我们就可以竖起大拇指。例如：

孩子刚学自行车，骑了几米，我们竖起大拇指；

孩子游泳有进步，我们又竖起大拇指；

每当孩子比上次进步了，我们都竖起大拇指。

……

那么当孩子下次面临挑战时，我们竖起大拇指，孩子一看到就触发了自信的心锚，从而产生了本能的反应。

同样地，如果孩子获得了某些奖项，可以把奖杯、奖状都摆出来，并通过因果关系告诉孩子这些都是因为他的努力获得的。日后，当孩子看到这些奖励时，就会充满喜悦感。

视觉心锚要注意避免一些负面的应用。例如：

家里的小动物死了，孩子很伤心，如果家长没有用我们之前讲的先跟后带的方法处理，直接把小动物的尸体埋葬，还在上面种一棵植物。那么以后孩子看到这棵植物时，悲伤的情绪就会一触即发。

听觉心锚的安装方式与视觉心锚的类似，而且在生活中经常遇到。例如：

我们听到国歌时会热血沸腾；听到《泰坦尼克号》的经典主题曲会感动。

在刚才竖大拇指的案例中，如果家长竖起大拇指的同时，加上一句：Yes! 久而久之，大拇指加"Yes"就成了孩子自信的心锚。

先生下厨炒菜，太太可以在先生炒菜时说一些固定的特别的话或做一些肢体动作，例如说："哇，老公炒菜动作敏捷，闻起来都香，我们家有这样的大厨真幸福！"

这里有个关键词"大厨"，先生每次做饭，太太都突出"大厨"字眼，以后每次先生听到这两个字，哪怕没有炒菜，也会想起家庭幸福的时光。

在听觉心锚中，我们顺便聊聊语言的暗示和之前章节里我们说"不要记住一只花猫""不要记住一只短尾巴的花猫"一样，人的潜意识往往只记住了我们说"不要"的那部分。因此如果我们的语言中包含了否定词，对方往往收到的就只是否定的暗示。例如：

家长说："宝宝能不能和我说一下心里想什么？"话里就包含了"不能"，给孩子的暗示也是不能。更好的说法："宝宝心里想什么都可以说，爸爸/妈妈愿意听。"

家长买了一套衣服给孩子，如果问孩子"好不好看"，那么里面就暗示了"不好看"，孩子就会在"好看"和"不好看"之间去寻找答案。如果家长问："你觉得新衣服好看的地方有哪些？"这样，就把孩子的焦点引导到好看的部分了。

语言暗示是引导对方按照我们的语言方向去进行。例如：

家长带孩子去跑步，假设家长想让孩子继续跑的话，如果问孩子"累不累"，这就暗示了累，孩子就被强化了累。更好的说法："我看宝宝刚才跑步很快，现在也很有精神，我们喝杯水继续跑。"

同理，如果晚上9点，孩子有点犯困，而家长希望孩子打起精神把课外书读完再睡觉，可以说："我看到宝宝眼睛大大的，比爸爸/妈妈的眼睛还大，看起来好有精神。"这样，孩子往往会提起神来。

同样是晚上9点，如果家长想让孩子睡觉，可以对孩子说："我看到宝宝现在眼皮都垂下来了，感觉宝宝好困了。要注意，语调要低，语速要慢。慢慢地，孩子就会觉得越来越困了。

我们也可以通过一系列的对话，引导对方习惯性地回答一个答案，为最后的询问铺路。例如：

我说："今天是星期天。"

对方说："嗯。"

我说："天气很好。"

对方说："嗯。"

我说："我们都放假了。"

对方说："嗯。"

我说："晚上一起去吃饭吧！"

对方经过了三次"嗯"，表示了认同，从而被暗示下一个回答也是赞同。

还有一个心锚是触觉心锚。安装触觉心锚时，最好选择一些平时不经常触碰的部位，譬如锁骨、虎口等地方。例如：

当孩子努力练琴，练完后，家长给予他鼓励，不经意间把手搭在他的肩膀上，一边说，一边按一下他的锁骨，按的时候带有一些力度，时间在2~3秒。之后每次孩子弹完琴，家长就这样安装一次心锚。假如以后孩子要上台表演，上台前家长在孩子不经意间按一下孩子锁骨的位置，把卓越的心锚激活，让孩子进入平时练琴时的情绪感受。

我自己在右手虎口的位置安装了一个打哈欠开关心锚，一旦轻轻一碰这个位置，马上就打哈欠。

心锚的安装在情绪高涨时特别有效。这里要提醒大家：如果孩子每次悲伤时我们都用手去拍他的肩膀，那么当我们之后无意去拍孩子的肩膀时，就会启动了悲伤时的心锚，孩子就会觉得有点不开心。例如：

孩子做错事，家长罚他去抄书。那么，以后每次孩子写字时就会想起被家长惩罚的情景，便产生了厌恶的情绪，不想学习了。

日常生活里，我们不同的着装也能带来不同的情绪效果。例如：

穿上睡衣感觉很舒服，很放松；

穿上职业套装，感觉见客户更有信心；

穿上礼服，马上觉得高贵。

这些都是触觉心锚的表现。

推荐视频：《链接美好心锚　积极应对一切》

扫码关注我的微信公众
号，回复"心流 24"
观看本节推荐视频

心流感悟

　　心锚是条件反射的一种形式，为孩子植入正面心锚的种子，耐心栽培，便可成为孩子的能量开关。

作　业

　　请描述一个在你心中印象深刻的心锚，例如"听到××，就想起……""看到××，就想起……""摸到××，就想起……"等。

_____

_____

_____

_____

_____

_____

_____

_____

📖 **优秀作业**

@陈燕学：看到某个画展就会想起大学时某个大家一起上素描课的日子。摸到日常吃的白米，就会想起小时候家里放在奶奶房间的大米缸，有一块很大的风干的无油菜籽饼当盖子，打开盖子就会闻到一股好闻的米香味。

@天使与海豚：听到《烛光里的妈妈》就想起妈妈的辛劳。看到7月15日，就想起某个优雅的女人。摸到滑溜溜的东西就想到蛇。

@福慧源：听到国歌就想起奥运冠军上台领奖的画面。看到核桃就想到补脑。摸到面粉就想到香喷喷的面馍。

✈ **实战案例**

@积羽沉舟：晚上孩子在玩拼图游戏时，碰到难题了。在一次次的失败中，他失去耐心，悲观情绪油然而生。我在一旁轻轻地说："凡事都要慢慢来，咱们不急，这个拼图对你来说应该没问题。"孩子在我的话语中寻找着拼图需要的那一块。我的眼前忽然一亮，大声说："你太棒了！妈妈刚刚都被难倒了，正在想如何又快又好地拼好，你这个方法太好了。"也许他当时也不知道他那是一个好方法，我首先肯定他的这个方法，同时指点一下，孩子顿时豁然开朗。很快他就完成了。自信和满足写满了孩子的笑脸。"凡事都要慢慢来"，后来每次孩子着急时，我就用这句话提醒他。

@康康：周末带宝宝去了红砖美术馆，小家伙玩得很开心。于是我体会到户外活动对小孩非常重要。中午趁着午休我带孩子出去玩，小家伙开心极了。但玩着玩着，小家伙突然要回家。开始我觉得出来玩一次很不容易，而且满腔热情没有得到娃的认可，有点沮丧。后来，我马上调整了自己的情绪，重定焦点觉得小家伙可能有什么特殊情况。结果不出所料，小家伙回家立刻便便了。原来小家伙想便便，但不好意思在外面，所以要回家。我险些错怪了他。于是我表扬了他之后，说明今天中午时间不够了，答应明天如果天气好就继续带他出去玩。（孩子习惯使用家里的马桶，到外面如厕时感到不习惯，这也是心锚在起作用）

第2节　与潜意识对话：唤醒心中的小宇宙

在本书的学习过程中，我们研究了很多潜意识方面的内容。潜意识的作用非常大。人一出生，潜意识就开始工作了。它不睡觉，不休息，只有人死了，潜意识才休息。在身心一致的状态下，我们的意识与潜意识处于一个完全协调合拍、共识共振的状态。在这个状态里，我们蕴藏的内心力量，能够更有效地发挥出来，为人生创造出更多的成功、快乐。

在了解如何与潜意识沟通前，首先了解一下我们内在的觉察力（内觉察），即通过我们之前学习的EMBA法则，留意自己的情绪、思想、身体和状态。例如：

家长看到宝宝笑的时候会开心，身体会放松。

人在愤怒时，肌肉会绷紧。

女性看到漂亮的包包或者衣服，就有想购买的冲动，是因为脑海中产生了一个画面：或是模特表现出的效果，或是想象自己穿在身上的画面，或是自己拥有后其他人对自己的评价，或是自我对话——要慰劳一下自己，好好地爱自己……随之激发出快乐的、被注意的情绪，心情大好，接下来就刷卡了。

当我们饥饿时，肚子会咕咕地叫，这是身体在发出信号：内在能量不足，需要补充了。

当人觉得冷时，皮肤会起疙瘩，然后打喷嚏，这是身体提醒我们需要添加衣服或者要去一个温暖的地方。

有些人上台讲话时，手心冒汗，双脚颤抖，内心想逃离。这其实是很好的觉察机会，不妨问一下自己的内心：产生这种情绪的原因是什么呢？结合我们学习的ABC法则，我们知道这是我们的信念导致的，我们想成为一个完美的人，能得到观众的认可，于是产生了压力。当洞察到这份感觉时，改变自己的信念，接纳自己的不完美，努力去行动，并接纳结果，往往整个人的状态就不一样了。我很喜欢的一句话是：因上努力，果上随缘。在过程中全力以赴，结果无论怎样都接受。

每个人的潜意识就像是一个孩子，力量又多又大，好奇、贪玩、对文字不感兴趣、需要被呵护。当我们越肯定潜意识，越是对它表示欣赏和感谢时，它就越是起劲，越是配合。当潜意识被唤醒，会带给我们神奇的力量。

现在我们来学习与潜意识对话，在开始之前先找一个舒服安静的环境坐下或躺下。一般与自己的潜意识沟通有几个步骤。

第一步，用舒服的姿态坐下或躺下，闭上眼睛，做几个深呼吸，使自己平静下来。呼吸时保持均匀、缓慢且持久，速度保持一致。逐渐尝试呼气的时间比吸气更长。

第二步，把注意力放在身体的感觉上，甚至感受心脏的跳动，想象那里是潜意识的中心，像是对着心中一个人说话那样，与它对话。这样的对话，可以说出声来，也可以只在心里进行。如果找不到身体的感觉，可以直接把一只手按在胸口，把那里直接当作潜意识。与潜意识沟通的时候，在开始和结束时，都应对它说谢谢。在沟通的过程中，每当它给我们回应或者信息，我们都应该说声"谢谢"，然后再继续下去。这份回应不是文字和语言，多数时候是一份突然涌出来的感觉。这样，潜意识会知道我们在肯定、接受、认同和欣赏它的工作，它会更加乐意和我们有更多的沟通。例如：

我们可以默默地对自己说："多谢你今天对我的照顾。我想和你沟通，可以吗？"然后等待它的回应。当它有反应后，我们继续下一步。

第三步，潜意识只能接受正面的语言，因此可以结合我们之前学习的内容，把问题转化为效果。例如：

我现在很烦躁——我现在需要平静；

我睡不着——我想睡觉；

我很疲劳——我希望更精神些。

第四步，潜意识运作只有是和否。如果我们问潜意识：到底A和B哪个好呢？潜意识是无法回答的。如果说"请问A适合我吗"，这样它才能回答。例如：

"多谢你和我沟通。这件事，你认为我应该去做吗？"

然后等待它的回应。收到回应后，再发问。

我们举刚才上台发言的案例来做一下介绍。

首先，找一个舒服的地方坐下或躺下，让身体放松，闭上眼睛，深呼吸两次，感觉自己的心跳，或者肌肉的僵持。

在心中默默地说："谢谢潜意识，我一会儿要上台分享我的故事。我以前已经介绍过几次了，请帮助我放松，好吗？"

过一两秒，收到潜意识信号，类似"好的"。

然后，在心中说道："谢谢。我会尽力地做好的，我需要你的帮助，可以吗？"

稍等片刻，直到收到潜意识的类似信号"可以"。

心中念道："谢谢。"

这时，往往就会感到放松一些。

在与潜意识沟通的过程中，可能会出现一些情况。

第一种是没有回应。如果过去很少关心内心感觉，刚开始与潜意识沟通时会有困难，多做几次会有好转。开始时必须完全放松。如果无论怎么做也暂时无法沟通，那就说明当下环境或时间不恰当，潜意识不想在此时此地与我们的意识进行沟通，那应当和它说声"谢谢"，然后停止。

第二种是等了很久都没回应。在等候时可以把注意力集中在身体上的某个部位上，然后不断地在内心重复"我在等待着，请与我沟通"，免得分散注意力。

第三种是回应的信息没有意义。其实，信息不会没有意义，只是我们的外在意识不能读懂其中的意义而已。可以先多谢潜意识，然后请它给我们更清晰的信息，或者帮我们明确信息的意思。

沟通完毕时，已经经过潜意识允许的事必须马上去做，这能让我们的意识和潜意识保持一致。分享我的一次经历。

有一次，我连续开会12个小时，直到晚上10点才结束，身体有点疲惫。我在车上，开车前不断地眨眼，于是我闭目养神几分钟，发现还是无效。这时，我闭上眼睛，深呼吸几次，在心中说："感谢潜意识，感谢你提醒我要休息了，我回家后会马上滴眼药水和尽快睡觉，好吗？"

潜意识回答："好的。"

我默默地说："谢谢你，现在我需要你的支持，让我保持清醒、安全、快速地回到家，可以吗？"

潜意识回答："可以。"

我默默答谢："谢谢支持。"

然后，我用手在耳朵旁抓了一把空气，睁开眼睛，拉下车窗，把手中的空气往外一扔，发现整个人精神多了。然后我开车回到家，用了整整一个小时。接下来我信守诺言，赶紧去滴眼药水和休息。

推荐视频：《和自己对话成为运用自如的人》（另一种去除负面思维的方法）

扫码关注我的微信公众号，回复"心流 25"观看本节推荐视频

心流感悟

　　潜意识对话只要灵活运用，对应各种身体不舒服、内心不安等，效果都很显著。当下次你遇到能量不足，或者有困惑的情况时，不妨与潜意识对话，唤醒内心的小宇宙。

实战案例

　　@康康：最近赶上几个重要的会议，每次遇到类似情况，我都会比较焦虑，前夜里会反复想讲话内容和可能会遇到的情况，导致失眠。这两次又是这样，夜里醒了就开始浮想联翩，好久都睡不着。我尝试着和自己的潜意识沟通，告诉它明天的会议很重要，只有休息好才能够自如面对，需要它帮助我尽快入睡。神奇的是，等我再有意识时已经是第二天早上了。我也不记得中间过了多久，我是怎样睡着的，但效果真的很好。而且第二次运用的时候比第一次更顺利。这真是解决失眠的好办法。

　　@秀红：昨天上课之前很紧张，觉得自己的课备得不好，很忐忑。上课之前我和自己对话："亲爱的潜意识，我有点紧张和焦虑，我知道你在提醒我，请你帮我恢复平静好吗？谢谢你。"接下来，我似乎好多了。

　　@秀红：照相回来的路上，咚咚有点小兴奋，但我觉得他需要睡觉，就让他躺在出租车上。我开始和自己的潜意识对话："亲爱的大贝壳（我看到自己的潜意识是个大贝壳的样子），谢谢你提醒我让孩子睡觉，请不要太焦虑，他一会儿就睡了，你帮助我平静好吗？谢谢你。"之后，我真的好了很多，没有很焦虑。谢谢我的潜意识。

　　@helei：第一次尝试和潜意识对话：吸奶前，我请潜意识帮助，让我的奶量能达到110毫升，然后开始吸奶，一边吸一边看书。可能是和潜意识沟通过，整个过程我的心态都很平和。结束时，一查奶量果然达到了110毫升。这让我很惊讶：这实在是太神奇了，也很有趣。再次感谢你——我的潜意识！

第3节　完美与卓越：接受不完美的自己

我们在日常生活中，会遇到各种压力，它们是我们必须适应转变的催化剂，无论是生活上的巨大变迁，还是生活琐事导致的忧虑的累积，都影响着我们的反应。

压力主要来自四个方面。

第一是环境，例如天气、噪声、交通、污染等。

第二是社会。例如经济问题、面试、演说、反对意见、时间的约束、失去挚爱等。人在失去挚爱时往往会特别悲痛，这时我们要接纳自己的情绪，可以流露情绪，并且提醒自己回想曾经美好快乐的时光，感谢这个信号，同时提醒自己要珍惜眼前人。同样地，这种时刻也会给下一代很好的示范——如何在最短时间内从悲伤中走出来，将遗憾转化为感恩，如何珍惜和陪伴眼前人。这些会让孩子受益终身。

第三是生理，例如青春期的成长、女性的生理期、更年期、疾病、年老、意外、缺乏运动、营养不良、睡眠不足等。而身体对环境和社会的转变也会做出反应，如出现肌肉紧张、头疼、胃病、焦虑等。

第四是自己的思想。我们的大脑会留意外围的环境和身体的转变，并决定何时启动应急反应。

很多人因为追求完美而为自己增加了不少的压力，部分疾病也与压力和情绪有关，比如愤怒是最负面、最有破坏力的情绪。而NLP则引导我们追求卓越。

下面我们一起探讨一下完美和卓越。

第一，追求完美往往是为了满足别人的要求和期望而不断地努力、挣扎。而追求卓越是与他人沟通，理解对方需求，并懂得欣赏自己的最佳表现。

第二，追求完美的人只重视最终的结果，而追求卓越的人对效果和过程都很重视。

第三，追求完美往往执着于做得对、做得正确等这些规条，带有限制性的信念；而追求卓越是检测整体平衡后，愿意去承担风险，同时允许自己从错误中学习。

第四，追求完美往往会从果的角度去思考，伴随抱怨、内疚、后悔、找借口；而追求卓越是因的角度，主动去承担责任，寻找突破点，掌握大局，创造方法。

第五，追求完美的人喜欢与别人比较，可是一山更比一山高；追求卓越是挑战自己的最佳表现，不断和自己比较，发现自己的闪光点。

第六，追求完美的人喜欢主观地批判，总是喜欢去挑别人的毛病；而追求卓越是以开放、包容的态度去接纳，多角度思考，理解对方背后的正面动机。

第七，追求完美的人的潜意识往往会由过去或将来的负面的、无法控制的事件或信念而引发；而追求卓越是活在当下，从过去的经验中学习，创造未来。

因此，希望追求卓越的我们请留意：

承认自己的不完美——我们都不是完美的人，接纳自己。

接受达成目标过程中总会发生一些状况——所有的事情都是学习，所有的挫折都是好事。

不断欣赏自己和宽待自己，只和自己比较。

明白效果比道理更重要，先有方向，调整心态，再配合方法。

不断精进，不断学习，活到老，学到老。

推荐视频：《最后的编织》

扫码关注我的微信公众号，回复"心流26"观看本节推荐视频

♥
心流感悟

学习NLP后，我们的情绪更加可控，但这不意味着负面情绪不会产生。当出现负面情绪后，应该学会觉察是什么原因令自己有此感受，相关的人彼此立场是什么，下次如何做得更好。

✏️ **作 业**

在现实生活中，有哪些地方你是在追求完美？哪些地方是在追求卓越？

_____

_____

📖 **优秀作业**

@陈小茄：不得不承认，很多时候我过于追求完美，所以给自己很大的压力。一方面，我追求工作上的高效，又想同时兼顾家庭和孩子的教育。另一方面，我喜欢让自己不停地开发多方面潜能，每天哄孩子睡着后，做完家务，还会抽出一个小时苦读。虽然能力上是不停在进步，但是持久的疲劳也给自己敲响了警钟。人啊，也是需要放松的，没必要活得那么累。

✈️ **实战案例**

生活中，家长不追求完美，适当示弱，往往结果让人欣慰。

@鲭鲭：前两天接宝宝回家。手里提了好多菜。我故意说："啊，怎么这么重啊！妈妈提不动。"我想看看宝宝的反应。宝宝看着我，说："妈妈，我帮你提。"

@helei：我每天下班回家有很多家务事要做，多数都跟带孩子相关，比较累。今天我跟老公沟通了一下情况，他主动提出今后奶瓶的清洁工作交给他。原来，适度地向配偶示弱，能有如此好的效果，赞！

@林晓君：今天从苏州回来，一路奔波，回到家已经是晚上9点多了，感觉非常疲惫。进门第一眼就看到满地的纸屑、玩具，顿时有种崩溃的感觉。但转念一想，既然学了5R，就要有学了5R的样子，不能再吼娃了。于是，我很高兴地说："小雨，阳阳，妈妈回来啦。"然后坐下来，将胳膊撑在桌子上，说："妈妈跑了一天，感觉好累，你们有没有感觉到？"他们围着我转圈，小雨说："妈妈，我也感觉你好累哦！"我拍拍他的头，说："妈妈有件事情，你能不能帮帮忙？"他点头。我说："你能把这一屋子的纸屑和玩具收拾一下吗？在我洗好澡之前，可以吗？"孩子说："妈妈，我可以！"我又问："真的可以吗？"孩子说："可以！"我说："那好，我相信你可以做到。妈妈希望洗完澡出来的时候，看见的是干干净净的屋子，可以做到吗？"孩子说："妈妈，相信我，可以做到的。"我说："好的，宝贝，你帮了妈妈一个很大的忙，谢谢你！"说完，我去洗澡。然后，我一直听见孩子在说："妈妈太累了，我答应了妈妈的事情我是可以做到的。"那一刻，我很开心：不吼不叫，孩子很快就把乱糟糟的屋子给收拾了。

第8章

12条核心理论：成为更好的父母

学习NLP，有12条非常重要的预设前提，它们对我们今后的学习大有帮助。

NLP认为，每个人的内心都有对世界的认知和描绘，这种认知和描绘就叫世界模型。每个人的世界模型都是不一样的。这个世界模型的建立依赖于我们的视觉、听觉、触觉、味觉和嗅觉，五官接受的信息和感知的结果不同，对世界的体验和诠释也不同。这种内心产生的体验，我们也可以称之为心灵地图。每个人的心灵地图的侧重点都有所不同。

地图不等于疆域。疆域是一个比喻，因为大脑接收到的信息是经过了删除、扭曲和一般化后所得到的结果，每个人都会不一样。这里说的"地图"是我们对事情的看法和定义。学习NLP是让我们的"地图"区域更广阔。例如：

长辈对我们很唠叨，其实是因为长辈很关心我们。我们一般会通过自己的感官结合我们的看法来做出判断。

而臭豆腐很难吃，这个只是我们自己的看法，不代表其他人的看法。

NLP的12条核心理论如下：

1. 尊重别人的内心世界。每个人的信念、价值观和规条都不一样，所以对同一件事情的看法也不会绝对一样。一件事情某个人会做，另一个人未必会去做，要尊重别人的不同之处。因此我们与他人互动时，首先要尊重和认同对方是不同的，然后进入对方的内心世界，再带领对方到一个新的世界。例如：

孩子看了很久的动画片，家长希望暂停。如果强硬停止，那么就没有尊重对方，结果肯定不好。更好的方式是先尊重孩子，采用先跟后带，认同他现在看的动画片很好看，很有趣，再引导孩子看电视需要适当休息，不休息以后戴眼镜不方便。或者与孩子沟通看到某个时候先暂停，家长陪孩子玩其他东西。这样就和谐多了。

有时家长会逗孩子，看到女性朋友会说没结婚就叫姐姐，结了婚的叫阿姨。孩子觉得很混乱，不知道叫什么好，而且对方是陌生人。家长不尊重孩子，于是孩子选择沉默，以后他再看到陌生人就都选择沉默。

2. 没有失败，只有回馈。每个人都有很多经历，有成功的，也有失败的。那么成功与失败由谁来定义呢？事情本来没有意义，是人的思想赋予了它意义而已。例如：

走路被石头绊倒，这块石头可以被认为是绊脚石，也可以是提醒我们以后走路要更小心。

坐地铁被小偷割了书包，偷了手机，我们通常定义为"倒霉"。但也可以说这是很好的提醒，以后外出就要更加小心，减少损失。

3. 凡事都有三种以上的解决方法。这个我们在前面介绍过了。当我们在行动时，发现试了一种方法无效，另一种方法也无效，请告诉自己一定有其他方法是有效的。方法少，往往是因为我们思维的角度单一，"没有办法"使思维画上结束符，实际上只是已知的办法都行不通而已。而"总有办法"使事情有突破的可能。这个不单是对我们自己，对孩子也一样，当孩子产生绝望的情绪或语言时，我们一样可以引导他们去思考，人生处处是生机，方法总比问题多。同样地，当我们说一件事情难的时候，也是限制了自己的信念。如果我们说"我会想办法去解决"，那就会朝着目标去行动。**有些人喜欢说"不知道"，背后的意思是"不关我事"。**如果换成：我暂时不了解，如何才能知道呢？这样，我们的思想框架又拓宽了。例如：

孩子说："不知道。"
家长说："怎样才能知道呢？我相信你一定有办法。"

孩子说："这道方程式我解不开。"

家长看了看题目，说："我知道你尝试了一种思路去解题，试一下换种方式去解决。"

4. 每个人都会在现有的资源下，做出当下最佳选择。每个人都会在现有的资源下做出对自己最有利的行为，我们的潜意识会有两个目标：

第一个目标，让我们活下去；
第二个目标，让我们活得更好。

而我们所有的行为，不管是思考后做出的决定，还是自发的反应，都是在当前的情况下我们能做出的最好的反应。尽管有些人对自己以前做的事情后悔，那也是与自己当下的资源对比而已。对于过往的事情，在过去的情况下，那已是我们最好的选择。例如：

有人后悔少年时对父母说了一些令他们伤心的话，但那只是在当时自己认知不足时的选择。

对于孩子，只要我们给他多个选择，他一样会为自己做出最好的选择。

孩子吃饭的时候还在玩，家长可以让孩子选择是继续玩，过了时间只能等下一顿，还是先吃饭，吃完饭再继续玩。一切由孩子自己选择，无论选择哪个，都是最好的选择。哪怕孩子选择不吃，也许是真的不饿。同时，也让孩子学到对自己负责。

5. 每个行为背后都有正面的动机。每个人做每件事的出发点，在潜意识的深处，总有一个正面的动机。例如：

孩子不想做作业，也许是他想放松一下，也许是想让父母陪伴。
孩子调皮，其实他只是在用不同的角度学习。
太太抱怨先生回家晚，其实太太只是希望先生多一点陪伴。

要建立良好的沟通桥梁，首先得接纳对方的情绪和背后的正面动机，同时不一定要接受对方的行为。一个人的行为不能定义整个人。行为不能接受，是因为没效果。下次你看到孩子的无效行为时，请洞察孩子行为背后的正面动机。

6. 并无难以相处的人，只有不善变通的沟通者。每个人都有自己的思维模式和看法，要想达到好的沟通效果，需要先配合对方。例如：

家长说孩子老喜欢看黑帮片，没品位，叫他不要看又不听。这里沟通不畅是缺乏亲和力的信号。如果家长先陪同孩子看，向他请教剧情，了解孩子的看法，再引导新的方向，效果就好很多。

同样地，太太对刚回家的先生说：家里的灯坏了，水管破裂了，快找人维修。先生也许不耐烦。太太也不高兴，觉得先生不关心家庭。实际情况是先生刚回家，忙了一天想先休息一下。如果太太换一种方式，给先生一个拥抱，欢迎回家，再表达今天自己遇上的麻烦让自己很抓狂，请求先生帮忙。那么，效果就完全不一样了。

当我们发现日常的沟通总是无效时，需要自我觉察。也许当下的沟通方式并不理想，换一种方式去沟通，曙光就在前方。

7. 沟通的意义取决于对方的回应，有效果比有道理更重要。在沟通中，我们说了什么并不重要，关键是对方收到了什么。例如：

领导在台上滔滔不绝地说了两个小时，台下的人都睡着了，这是无效的沟通。

家长说："我说了多少遍，孩子就是不听。"这里要觉察到自己过去的沟通是无效的。

太太因先生把脏衣服到处扔而抱怨，先生感觉到的却是身边有个怨妇天天唠叨。

先生在看足球赛，太太说："明晚陪我吃饭吧。"

先生说："哦。"

太太说："去吃湖南菜吧。"

先生说："哦。"

结果到第二天，先生完全没当一回事。太太很生气——答应她的事情没有做到。先生也茫然，因为太太讲话时，先生的注意力在球赛上。

因此，在表达中，让对方收到我们想要表达的意义才是最重要的。当我们和孩子谈话时，有时也可以问孩子听到了什么，有什么想法，或者复述一遍。

8. 焦点在哪里，能量就在哪里。我们的注意力在哪里，哪方面的信息就会进入我们的脑子里。还记得之前互动练习中，我们观察环境时，如果想去找不好的地方，就能找到一堆吗？同样地，我们去发现环境中好的地方时，一样能找出很多好的地方。当我们看一个人不顺眼时，怎么看都不顺眼；而当我们喜欢一个人时，他做什么我们都很欣赏。有些家长听到老师说孩子很调皮，结合自己平常对孩子的判断，便得出"调皮"的定义，因此给孩子贴上了"调皮"的标签，认为孩子所做的一切都是与调皮相关的。孩子考试只有60分，如果焦点在60分上就会责骂孩子；如果焦点在孩子的成长上，就可以给孩子鼓励。

9. 若要求知，必须行动。学习的道路上，最远的是知道和做到的距离。我们知道了很多，想获得反馈，就必须行动，这样才知道哪些是对我们有效的，哪些是暂时无效的。有些人觉得自己学到的东西实际操作起来很难，这是因为在行动前已经定义了难，所以就容易逃避。只有不断地行动，并记住"没有失败，只有回馈"，才能把更多的知识变成自己的一部分。在《青蛙王子》的故事里，公主吻了1 000只青蛙，才找到王子。

亲子沟通学到的都是理论，只有当我们去实践、去运用，才能找到适合自己家庭文化的亲子互动方式。每天"熬鸡汤"就是很好的学以致用的方式。

10. 重复旧的做法，只能得到旧的结果。我们的行为重复会成为习惯，习惯的重复会成为思想的高速公路，变成不知不觉的行为反应。例如：

孩子不肯收拾玩具。家长骂一次，孩子收拾了一次；下次孩子又不收拾玩具了，家长继续骂；孩子不做，家长便提高音量骂，孩子终于做了；但当再次要求孩子收拾玩具时，无论家长骂得多大声，孩子都不做了。这时，家长就要洞察自己：固有的模式已经对事情无效，需要改变方法了。

太太唠叨先生不爱干净。开始唠叨有效，以后唠叨得多了，先生干脆就不回家了。无效的做法会导致无效的结果。

11. 在任何系统内，最灵活变通的人拥有最佳的成功机会，是最能影响大局的人。固执的人从一个角度去看问题，而且内心只围绕着自己的情绪。执着的人以目标为导向，相信凡事必有三种以上的解决方法，相信一定能成功，自然这个人的角度最灵活，也最容易达到目标。邓小平说过，不管白猫黑猫，抓到老鼠就是好猫。

学习NLP是让我们看问题的角度有多样性，同时行为有弹性。

12. 所有人都拥有足够的资源，能成功地达成自己的理想及目标。每个人来到世界上，出生前已经战胜了几亿人。每个人都有能力、有资源去解决当下的问题，关键是要珍惜当下的选择。当资源增加时，选择增加；选择增加后，资源也跟着增加。**没有缺乏资源的人，只有缺乏资源的状态**。相信别人做得到的事情，我努力后，也能做得到；别人做不到的事，我能做到。

当我们的孩子第一次上幼儿园、上小学或者第一次离开父母的照顾时，请相信孩子，他们有足够的资源去面对他们的人生。当看到其他孩子会做某样事情，而自己的孩子暂时还没学会时，请告诉自己的宝宝：只要努力，也能做得到。

我曾看到Sunny五年级时写的作文："……我能和爸爸好好说话，是因为爸爸很愿意听我说话，经常陪我玩。我终于明白爸爸为什么要在我小的时候就开始学习NLP……"

心流感悟

NLP的12条核心理论贯穿了整个NLP体系。生活上遇到难以解决的问题时，请翻看这12条理论，会找到灵感的。

作业

请问哪几条核心理论让你印象深刻？

_____

_____

_____

_____

实战案例

@鲭鲭：傍晚，宝宝从奶奶屋子里的厕所拿出马桶刷，跑到另外一个卫生间，在马桶里捣来捣去。学习了NLP后，我没有生气。

我问："宝宝，你在干什么呀？"

他说："用洗衣液刷马桶。"

我说："宝宝好勤快啊。谢谢你帮妈妈刷马桶，马桶刷得真干净。"

他看见好多泡泡，便抬起湿湿的马桶刷说："好多泡泡呀，它在撒尿耶，像下雨一样……"

冲完马桶，他说："泡泡冲走了。"

我问："那它们去哪里了？"

他说："去洗澡了。"

@superH：孩子很喜欢玩乐高，但是没有耐心。最近我便试着用5R，每次她玩乐高，我们都会说："哇，这个是五层桥吗？现在世界上还没有五层桥呢，有了五层桥，以后就不会塞车了。这创意太好了！"通过不断的鼓励，她的创意越来越多了。

@小二姐：闺女这两天特别爱看电视，总是让我放《小猪佩奇》或者《巧虎》，不放就哭闹。通过对课程的学习，我突然想试试成效。我学着猪哼哼，说："桐桐小猪，你好！哼哼，我是猪妈妈。"她也学着猪哼哼，说："你好！哼哼，我是小猪桐桐！"我说："猪妈妈和桐桐小猪玩捉迷藏的游戏，猪妈妈数10个数就开始找你，好吗？"说着，我就开始数数。她兴奋地开始去躲藏了。我这时把电视关了，和她玩了半个多小时的游戏。之后就吃午饭。她不再提看电视的事情了。

后记

自己将来的人生，能将其改善的人，如果不是你，又是谁呢？

经营好夫妻关系的主导人，如果不是你，又是谁呢？

亲子关系中最重要的老师，如果不是你，又是谁呢？

看完本书，只是一个开始。欢迎再次阅读本书，你会发现又收获到很多之前错过的方法，或者对之前学到的方法有新的感悟。**"若要求知，必须行动"**，只有通过实践，才能真正掌握书中的NLP技巧。

愿你成为一位情绪可控、优雅淡定的智慧家长。

将波歇·尼尔森的诗《人生五章》送给本书的读者，坚持"熬鸡汤"，能让自己过往的思维模式和情绪模式发生改变。

人生五章

第一章

我走上街，人行道上有一个深洞，我掉了进去。我迷失了……我。这不是我的错，费了好大的劲儿才爬出来。

第二章

我走上同一条街，人行道上有一个深洞，我假装没看到，还是掉了进去。我不能相信我居然掉在同样的地方。但这不是我的错，我还是花了很长的时间才爬出来。

第三章

我走上同一条街，人行道上有一个深洞，我看到它在那儿，但仍然掉了进去……这是一种习惯了。我的眼睛睁开着，我知道我在哪儿。这是我的错。我立刻爬了出来。

第四章

我走上同一条街，人行道上有一个深洞，我绕道而过。

第五章

我走上另一条街。

本书能得以出版，我要感恩许多人：
感恩父母的养育；
感恩父亲在我童年时告诉我，做个对社会有贡献的人；
感恩太太的包容、支持和陪伴；
感恩儿子给我机会去成长、去学习；
感恩所有参与线上课程的用户，你们的信任让我加倍努力；
特别感恩第一批参加线上课程学习的妈妈们——
付崧、秀红、May、舒庭、潜水鱼、小千、Caroline、Helei；
感恩鞭策我出书的大嘴丸子、伍颖仪和传红姐；
感恩无数朋友给予我的支持与鼓励，尤其是在我彷徨、无力时；
特别感谢TA40的挚友们，愿"珍爱共赢"永存；
感恩专注、坚持、充满爱心的自己！

附录一　　每天"熬鸡汤"

学习NLP不是让我们没脾气，而是让我们改变心态，灵活地选择情绪，改变行为，达成"你好、我好、大家好"的多赢局面。

提升自我觉察力，建议从现在开始"熬鸡汤"，每天三篇。**每篇鸡汤的表达可以使用5R、正面动机、换框、理解层次等学习内容。**

例如：

有人说：每天工作那么忙，哪有时间看书。

重定因果：因为忙，所以才需要看书，找到更高效率的工作方法。

有员工迟到，行政人员与其沟通。

重定立场：今天你没能准时上班，请想想，其他准时上班的同事会如何看待你呢？

有人说：这孩子的头怎么这么大？

重定意义：所以他的创意特别多。

孩子说：今天去科学馆有很多设备坏了。

重定焦点：看来去科学馆的小朋友多了——宝宝玩了哪些好玩的东西呢？

重编程序：每天重复"熬鸡汤"的行为，逐渐培养从正面角度思考的习惯，继而形成正面思维信念，最终塑造凡事多角度观察的价值观。

每天"熬鸡汤"三篇，会有以下变化。

7天后会发现自己的觉察力增强，在发脾气前能觉察到自己的状态，从而有意识地克制情绪。当然，如果情绪依然爆发，不必内疚，请先接受自己。

21天后会发现觉察速度加快，遇到看不过眼或听不顺耳的事情时，能自我觉察，然后选择不同的情绪去面对，因此沟通方式和反馈行为发生变化，最后达成和谐的处理方式。

❤ **"熬鸡汤"与"阿Q精神"的区别**

有些家长会提出疑问，这样做岂不是自欺欺人？我们对"熬鸡汤"与"阿Q精神"做一个区分："熬鸡汤"是我们大脑思维转变后，控制情绪，然后付诸行动，改变结果；而"阿Q精神"只是做到自我安慰即止，没付出行动，结果还是原封不动。

❤ **"熬鸡汤"内容来源**

在日常生活中，对事情进行区分：

自己的事：以目标为导向，结合5R和换框，我的心态如何调整，接着行为发生改变，朝目标前进，把问题转化为效果。

他人的事：我尊重、接纳，通过5R和换框做好自己，影响他人。

环境的事：我改变不了环境，但可以改变看环境的角度，通过5R和换框，让自己心情愉悦。

有些家长反馈，写了几天后，感觉自己变得很正能量，找不到负面事情，怎么办？可以尝试每天认真感受一件事，比如洗碗、叠被子、吃水果，把过程的细节详细地描述、记录下来，使用视、听、嗅、味、触觉去描写。例如写吃苹果：

我拿起刀，用冷水冲洗。当刀碰到红色的果皮时，我听到嘶嘶的声音，果汁在细胞破裂时冒出，我闻到了清淡的苹果香味。果皮宽度约1厘米，慢慢地形成了一个螺旋。到苹果底部时，我用刀转了一圈，果皮掉地，苹果削好了。我深吸了一口气，咬了一口，冰冰的，果汁在舌头上流出，甜中带一点酸。我轻轻地嚼，伴随着细细的声响，苹果在嘴里被嚼碎，我吞了。开始第二口……

日常站立时可以刻意地屈脚趾，感受"我在站立"的时刻。走路时感受风，感受气温的温度，留意自己的呼吸，是长而平缓还是短而急促。坐时感受靠背是什么感觉，软的、硬的、不平的？睡觉前专注于自己的呼吸，留意空气经过鼻腔，到气管，再到肺的感受。

以上这些例子都是在强化我们的内感觉，让自己更专注当下。当一个人的内在自我价值提升了，拖延症也会明显减轻。

学员对"熬鸡汤"的感悟

@周英妈妈：坚持"熬鸡汤"，带来的不是立竿见影的效果，而是在发脾气的那个点多了一分自我觉察，多了一分不直接犀利地指责的自觉，多了一分体谅和转移。这样让脾气来得更慢些、更温柔些、更侧面一些，让脾气变得像夏日微风般舒服。

@琴子：学习了NLP之后，心态发生了变化，最近对儿子很少发脾气了，遇到问题时站在他的立场帮他解决。当儿子发脾气时，我抱着他，安抚他，温柔地跟他讲道理，做到他急我不急，他气我不气，找到他行为背后的动机，去引导。发现自己的心态平和了很多，没以前那么急躁了——心态真的很重要。发现儿子也有小小的改变，变得越来越有礼貌，越来越可爱了，继续加油。我要慢慢地改变自己，让自己越来越优秀，然后影响儿子。

@Ying：熬了半个月的"鸡汤"，效果很显著。遇到问题，尤其是宝宝的问题，我总能换个角度看待，话说出口前都会想一想怎么说更好。宝宝的情绪显然也受到了影响，每天都主动要抱抱、亲亲不发脾气的妈妈。小区的几个小朋友在一起疯跑玩耍，宝宝拿着玩具自顾自地玩儿，不跟大家一起玩。我有点担心宝宝不太合群。耐心跟着宝宝转了两圈后，他找到了一位玩陀螺的小朋友，一起玩了起来，不一会儿，周边聚集了越来越多的小朋友。这就是重定意义：家长的思维太成人化，孩子有自己的想法和选择，家长应该少干预、多引导。

@鲭鲭：我坚持熬了一个星期的"鸡汤"。以前觉得有时候儿子总会让我抓狂甚至发飙，但是现在我对儿子很少发脾气。因为每次遇到让我特别生气的事，我就会想他为什么这样做，这样做对他有什么好的影响——会替他考虑，想生气都找不到理由。

那么，让我们从现在开始"熬鸡汤"，让情绪为你所控吧！每天"熬鸡汤"的格式如下，每天1碗，7天明显减少发脾气，21天学会不吼不骂，好好说话。

第1碗鸡汤

第一件事：

第二件事：

第三件事：

第2碗鸡汤

第3碗鸡汤

…… ……

第7碗鸡汤

…… ……

第21碗鸡汤

288

📖 优秀案例

每天的"鸡汤"里写满三件事，成长是最快的，例如：

@ting

1．重定意义：老公以前和老乡们一起聚会时总喜欢点一些家乡的土菜，我曾暗暗鄙夷地称其为老三样。其实哪里是老公非要吃那些菜不可，他是怀念家乡了，那些菜就是"思乡情"。

2．ABC重定意义：儿子总是在大人不让他干某事时强行先干，常令我很恼火。现在想想他是手脚快，如果某天有什么突发事件，他这个缺点就变成优点了。

3．正面动机：儿子这两天总学小宝宝的说话方式：吃饭饭、穿衣衣。本来很烦他这种说话方式，但想到他或许是想要爸爸妈妈多疼爱他才这样，我也就没了之前的反感了。

"学霸"是这样写的：

@阳雪皓

1．如何跟负能量多的人相处。

重定焦点：负能量多的人，他所需要的是正能量。所以应帮助其认识自己的强项、发现并赞美其优点、激发潜力、树立信心。简而言之：尊重+倾听+肯定+赞美+适当引导。

重定意义：帮助对方增强信心，提升幸福感。

重定立场：我不是他，我只能通过倾听了解对方的生活和感受，表达同理心，看到并肯定、赞美对方长项，接纳其目前状态；不要做对方生活的评论者，也无须充当救世主（每个人自己才是自己生活的主导者），大家是平等的。

重定因果：因为尊重、平等，所以接纳、肯定、激励、赞美、成就。

2．县城里到处都在搞建设，走哪条路开车都堵。

重定焦点：重建是为了改善原有不良的状况。

重定意义：全面动工说明我们的建设能力强；同时，以后城区面貌会有所改善，困难是暂时的。

重定立场：我上班提早一点，就不会为堵车着急了。

大家：越堵越要讲秩序，守规则，尽量减少剐蹭。

重定因果：每一种美丽背后都有辛劳的付出和坚实的忍耐，所以，理解万岁！

3. 今天忙了一整天，中午加班，放学后还加班。

重定焦点：加班，是为了更好地把工作完成。

重定意义：每一份付出都会有收获。

重定立场：我把事情做完了，心里会轻松很多，而且不留后患。

学校：不只我忙，很多同事也都在忙——说明大家也都在积极地协作，把事情做好。

 家长学员的美味"鸡汤"分享

@王慧杰：下班时下雨了，心情有点糟。但想了想，如果天气都能影响我，那我岂不是很容易心情不好？想想天气不是很热，而且一会儿到家就能跟孩子在一起了，突然觉得轻松开心起来，觉得时间都过得快了，很快就到家了。

@康康：周末想带娃出去玩儿，本来计划好了时间，结果娃睡着了。我不仅没有因为整个计划都被打乱了而抓狂，反而想着这样可以趁着娃睡觉赶紧休息一下。其实对于小孩来说，去了哪儿、看了什么并没有那么重要，因为对于他们来说，每一个地方都是新鲜的，即便是路边的花花草草，他们也一样感兴趣。所以我们保持良好的心情远比强求遵守既定的目标更有用，父母心境的平和会给娃带来更多的愉悦。良好的心态让我们有了一个虽然短暂但很愉快的旅程。

@杜杜：儿子今天一回家就开着电视一直看，看到吃饭的时间也不愿意关。我差点没忍住，想发火。后来想想昨天上的课：应该控制情绪，重定立场：换位思考一下，以前我看到喜欢的电视节目也总是控制不住。我都控制不了，小孩就更不懂控制了。我压制住火气，深呼吸后给儿子讲道理：今天已经看了半小时，看多了电视对眼睛不好；眼睛不好，就不能看到更美好的东西，而且电视也需要休息了。转移问题后，儿子也愿意配合了。

@**秀红**：尝试描述感受一：今天包馄饨，我把馅放在馄饨皮里面，折了两下，超市买来的馄饨皮有点硬也有点滑。馄饨皮在我手上，我能感觉到滑滑的触感。

尝试描述感受二：我敲打键盘，感受着键盘和自己的指尖接触的感觉。F和J两个键上的凸起，摩擦着我的两个食指。

@**林晓君**：今天发生了一件让我极其郁闷的事情。去农商银行开户，银行的工作人员居然说身份证上的人不是我（头像比我现在胖），要我拿别的证件去证明我是我。当时我非常气愤，我一直解释，可银行还是怀疑。我冷静一想：站在银行的角度看，他们是负责的，是为了安全起见；而我家就在银行楼上，那我就回去拿吧。这么一想，我心中的怨气顿时就消散了。办完卡后，银行的经理向我赔礼道歉，耐心地给我讲解网上银行的操作。收获：多站在别人的角度想想，将心比心，获得的东西会更多。

@**琴妹妹**：晚上逛蛋糕店时，大宝非要买那个漂亮的公主小蛋糕。刚开始时我是不同意的（每次买的蛋糕他都不怎么吃）。但换位思考：大人有时候也会因为好看而买一些华而不实的东西，这也是人之常情。于是，我就同意买给他了。

@**tsing**：女儿在上市场里的公厕时被锁到里面了。她自己不会开门，在里面害怕得哭了，拼命地推门。换作以前，我在外面听到肯定非常焦虑。这次我平复自己的心情，慢慢地安慰女儿，叫她别着急，看清楚门上那个锁是怎么开的。女儿也平静下来，把门打开了。

@**毛毛妈**：我有时上夜班，感觉真的很辛苦啊，别人在睡觉，我却睁大眼睛在上班。转念想想：难得我能看见天蒙蒙亮的样子，而且夜里很安静，没有白天的嘈杂和忙碌。

@**艳阳天**：心情不好的时候，看到树叶落下，会觉得感伤，这是因为将焦点一直放在了自己糟糕的心情上。重定焦点，树叶在空中飞舞是很美的画面。

@康康：早上匆忙出门，忘记带车钥匙。回家取，又发现没有带门卡，耽搁了好久。起了个大早，赶了个晚集。以前我会很气急败坏地觉得自己今天倒霉，运气不好。现在觉得责任在自己：出门前没有检查一下，以后要提早做好准备。所以即便迟到，也并没有影响一天的心情。

@琴子：今天去超市买完东西，出来的时候，雨下得很大。我没有带伞，于是自己做了心理调整，耐心地坐在凳子上，等待雨变小后回家。等待的时候，想了一下：以后出门前看一下天气预报，在包里放一把伞，就可以避免这种情况发生。心情顿时平静了很多。

@Sunnylily：中午，公司同事在农家乐吃团餐。旁边坐了几桌老人，其中有两个老人声如洪钟，整个餐厅显得特别吵。转头望去，只见说话的老人满面红光，看起来很精神。我想，他的身体一定特别好吧，对于他的家里人来说，这是一件多么幸福的事啊。这样想着，我就不觉得嘈杂的餐厅那么吵闹了。

@tsing：今天晚饭时，儿子打碎了一个碗。我顿时想发火了：饭不好好吃，跑来跑去。后来，我将火气压了下来，说了一句："没关系，叫爸爸再拿一个碗。"这时，儿子跑过来，说："我是想让路给姐姐过去，不小心打碎了碗。"原来他不是跑来跑去玩，而是想给姐姐让路。幸好我没有盲目发火而错怪他。

附录二　参考文献

1．〔美〕阿黛尔·法伯，伊莱恩·玛兹丽施．如何说孩子才会听　怎么听孩子才肯说〔M〕．安燕玲，译．北京：中央编译出版社，2014.

2．李中莹．李中莹亲子关系全面技巧〔M〕．北京：北京联合出版公司，2017.

3．〔美〕琳达·汤普森．心理童话药书〔M〕．周常，祝卓宏，译．广州：广东教育出版社，2012.

4．〔日〕铃木俊隆．禅者的初心〔M〕．梁永安，译．海口：海南出版社，2010.

5．〔美〕米哈里·契克森米哈赖．心流：最优体验心理学〔M〕．张定绮，译．北京：中信出版社，2018.

6．〔日〕五十川芳仁（Yoshihito Isogawa）．乐高科技系列经典入门"虎之卷"〔M〕．韦皓文，译．人民邮电出版社，2019.

7．〔美〕詹妮弗·福克斯（Jenjfer·Fox）．发现孩子的优势〔M〕．洪友泽，译．天津：天津社会科学院出版社，2010.

8．张修兵．NLP亲子智慧〔M〕．北京：清华大学出版社，2014.

9．〔法〕一行禅师．正念的奇迹〔M〕．丘丽君，译．北京：中央编译出版社，2010.